世界偏爱自愈自乐的你

自愈自乐的你

大将军郭/作品/

CS 湖南文艺出版社
PUBLISHING & MEDIA　HUNAN LITERATURE AND ART PUBLISHING HOUSE

博集天卷
CS-BOOKY

不怕爱的时候被人辜负，最怕单身的时光里你先辜负了自己。

无论选择什么，只要内心安然，就不失为一种适合自己的生活方式。

在最年轻的时候，我给了你最真实的我，我遇见了最坦诚的你，我们在这段关系里不留余地，不谈得失，人生能有几回如此淋漓饱满的付出和索取？这才能称为真的爱过。

只要你愿意不断探索，新的世界就会呈现在眼前，
更丰富的自我也会越来越鲜活。

与其纠结没有成为过去想成为的样子，不如想想你是不是喜欢现在的自己，
是不是你此时此刻想要的样子，这才是更重要的事。

你脆弱，也坚强；你迷茫，也清醒；你敏感，也钝感；你冲动，也冷静。这所有的你，并不矛盾，每一个片段组合在一起就是最独特的自己，而你的每一面其实都有它存在的意义，等待你来发掘。

在停不了的时间里继续生活才有可能放下，有一天往事就像你忘记
放在哪儿的一把钥匙，但你已经换了门锁，记不记得它已经不再重
要了。

有人在脑海，有事在心上，过去翻腾成沸水，
灼热过后还能用眷恋加温，
就算暖不了一颗心，总好过血液冰凉。

用脆弱来提醒坚强，用坚强来抵抗艰难；用敏感体会生活，用钝感稀释挫折；
跟自己和解，也把每一面的自己都发挥到极致，这才是终极目的。

你可以变得更美丽、更博学、更坚强，
这样的女性才是可以被称为"女王"的人。

当我写下这篇序时，距离我的第一本书《对于自己，你还是个陌生人》出版已经一年多。在这一年，我辞掉了朝九晚五的工作，花更多时间写作，也有了更多跟自己相处的机会。我和每个跟这本书相遇过的人一样，开始了一段新的旅程，撞见了一个个陌生的自己。

我发现，原来有那么多形容词都适合放在自己身上，浓烈的、理性的、执着的、豁达的……也有读者告诉我，更了解自我之后，他们也在自己身上看到了更多的可能性。

只要你愿意不断探索，新的世界就会呈现在眼前，更丰富的自我也会越来越鲜活。

但，这并不是我们的终极目的。

诗人詹姆斯·迪基参加一档节目之前，有人对他说："放松点，就做你自己。"我们也常听到这样的话，"做自己就好"。但是很少有人去追根究底，到底怎样才是做自己。这个问题被詹姆斯·迪基问出了口："要做哪一个自己？"

你脆弱，也坚强；你迷茫，也清醒；你敏感，也钝感；你冲动，也冷静。这所有的你，并不矛盾，每一个片段组合在一起就是最独特的自己，而你的每一面其实都有它存在的意义，等待你来发掘。

用脆弱来提醒坚强，用坚强来抵抗艰难；用敏感体会生活，用钝感稀释挫折；跟自己和解，也把每一面的自己都发挥到极致，这才是终极目的。

而在这所有的自我当中，若要挑一个最可爱的、最迷人的，我想应该是那个既能治愈自己又能在自己身上发现乐趣的你。能学会自愈自乐的人，也被这个世界偏爱着。

以前我的一位来访者，不断遇到不负责任的男人，朋友都说她蠢，没有擦亮眼，她很困惑：是命中注定我不能幸福吗？在了解她的成长经历之后，我告诉她，没有什么命不好，她只是陷入了创伤的强迫性重复，在每一任男友身上不断复刻着童年时跟父亲的关系。

她的父亲是一个没有太多家庭责任感的人，不顾家也冷落她，她习惯了这样的家庭模式，但又深怀想要改变父亲的愿望。于是，长大后她一次次陷入这种关系中，因为熟悉的创伤让她觉得安全。而她也把改变父亲的愿望投射到男友身上，这才是她无法逃离不幸恋爱的原因。

当我跟她一起理顺这件事背后的枝蔓，她第一次觉得畅快，决定从处理现在的恋爱关系开始修复过去的创伤，于是积极地调整自己，也跟父亲和伴侣做了沟通，更重要的是她学会了重新看待问题，发现了自己身上能够自愈的能量，现在她跟男友的关系很健康也很稳定。

我还记得她对我说："我发现原来我并不蠢，我可以解决问题，也能治愈自己。"

那些别人口中的蠢，在我看来都是伤。在面对过去经历的时候，没有绝对的聪明理智，未愈合的创伤会让人变得盲目。它们像一阵痒，又似一种痛，扰动你的心，牵绊你的脚步，在诸多自我当中，唯有自愈自乐的那一个能变成抚慰创伤、推动你前进的马达，助你远航。

只是，这件事并不容易。很多人想靠运气，很多人想从他人身上获得安慰，但我跟每个来找我咨询的人说过，能帮你的只有你自己，我能做的是给你灌注能量，给你赋能，让那个自愈自乐的你逐渐形成。

不要小看自己，你的心里本就有自愈的潜能，伤口会痊愈，风暴会平息，你会海阔天空，你能豁然开朗，只是需要一点时间和更合适的方法。

这本书是我想送给你的自愈手册，它想告诉你的不仅仅是每一个问题的原因，还有问题之后你可能会找到的答案，更重要的是让你找到能改变自己、解救自己的方法和能力。

而那时，你已无需再从他处获得解救，你已达成你自己。

目 录
Contents

Chapter *01*
你们并不是真正亲密

Chapter 02

我们终将告别那些挥之不去的痛苦

Chapter 03
适度的不喜欢，是对自己的保护

Chapter *04*

别过较劲的人生，请保持一点钝感

Chapter *01*

你们并不是真正亲密

往往真正决定两人是否合适的不是身高、年龄、收入和距离，而是涉及关系本质的存在，所以别被外在的条件迷惑，这些内在的、深层的认知和态度决定你们能否走得长远。

怎样判断两个人是否合适

"找对象不是找最好的，而是找最合适的。"这句话没毛病，可难就难在怎么知道两个人是否合适。

我身边有好几位朋友身上发生过同样的桥段，相恋数年，最后还是分手了，理由都是一样的——我们不合适。

你看，即便共度几千个日夜，还是不知道枕边人原来跟自己走在两条路上，所以仅仅花时间是没用的，而是要把时间花在刀刃上，看清楚关键又核心的问题。

毕竟，你做每一件跟相互了解有关的事都有时间和机会成本，如果把精力花在错误的方向上，不但不能了解两个人是否合适，也是一种感情的浪费。

是否相爱看缘分，是否合适要靠自己火眼金睛。

那么，了解一个人或者说判断两个人是否合适，究竟要从哪些方面着手呢？有四个方面是婚恋关系中需要清楚的核心问题：原生家庭、生活方式、人际关系和性。

透过这四个方面，你可以看到一个人的大概面貌，能够了解他的过去和现在，也就能对是否合适有基本的判断。之所以说这四个方面处于亲密关系的核心位置，是因为它们能反映一个人的"三观"，又涉及婚恋中的日常生活。更为重要的是，这四个方面往往是比较难以妥协或者难以改变的，如果不能接受和包容这四个方面，很难有美满的家庭生活。

可以把这四个方面涉及的一些具体问题列一张清单，或者做一个配对的测试来考量你们之间的合适程度。

>>> 原生家庭

每个人的婚姻生活多少会有原生家庭的影子，所以不妨把对方的原生家庭当作参照物。可以试着了解在对方的家庭中父亲和母亲的相处模式，父母如何与子女相处，他们如何决定家庭事务，他们曾因为什么样的事情发生争执，遇到争执会如何处理，等等。

原生家庭只是了解对方的一个方面而已，它并不是筛查标准，所以不要因为对方生活在单亲或者不幸福的家庭就放弃相处，了解对方父母的离异原因或者家庭气氛为什么不和谐比仅仅了解结果更为重要。

当然，除了了解对方原生家庭的客观情况，也要听一听对方如何看待他的原生家庭，如何看待他们的家庭模式，等等。你会从他对待家庭的方式中看到他对婚恋的基本态度和要求。

>>> 生活方式

很多人说，无论多么浓烈的感情最后都会归于平淡的柴米油盐酱醋茶，这话没错。如果不想你们的爱情败给鸡毛蒜皮，就要先了解你们在生活方式上是否能融合，以下这些影响关系融洽的问题要提前梳理好。

有什么爱好

爱好无高低之分，但会反映一个人的性格，也会反映一个人的精神世界。喜欢极限运动和喜欢茶艺的人可能一个爱动、一个喜静，前者开放又富有冒险精神，后者相对保守又谨慎。

所以，了解爱好能间接了解对方的性格，也能发现你们是否有共同语言。

擅长做什么

从擅长做的事情可以看到对方的能力和优点，也能发现一个人的价值所在。擅长推理分析还是擅长修理电器？对方擅长的事情是否恰巧是你需要的、欣赏的？你们是否能互补配合？还是你们恰巧有同样擅长的事情？

更为重要的是，从对方嘴里听到他擅长的事，可以看到他如何看待自身价值，是觉得自己无所不能还是觉得并无所长，从中能发现一个人是自卑还是自负。他如何评价自己，还反映了一个人的自尊水平。

一般而言，自尊水平过高或者过低的人都不太好相处，前者太爱面子，后者极易死缠烂打。

如何做决定

两个人相处，总是要面临一起做决定的时刻，在做决定这件事上也最容易产生矛盾。所以，不妨先问问他惯常做出决定的过程，这能够看出他是偏于感性还是偏于理性、果决还是犹豫、思维方式、理解分析能力等。如果在决策过程中恰巧需要与人沟通协调，那么也可以从中发现他是如何处理分歧、统一不同想法的。

如何度过人生最艰难的时光

我记得电视节目《中国式相亲》里有一个环节，当有三个家庭选择嘉宾时，嘉宾就有权问每个家庭一个问题。

如果是我，我会选择问他如何度过人生中最艰难的时光。

首先，从这个问题可以看出一个人在意的东西，或者说容易在哪些方面感到挫折；其次，能看出他对待挫折的态度，他是否会被挫折难倒，是否依然怀有乐观的心态迎难而上；再次，从最终如何度过艰难时光，可以看出他应对困难的方式、是否具有行动力、是否会获取社会支持、是否有足够的意志力等。

被伤害、被攻击会如何处理

还可以留心观察与人发生争执或者遇到被人伤害的情况下，他会如何处理，是跳脚骂街还是睚眦必报，是不肯善罢甘休还是追求以和为贵。了解这一点，可以帮你摸清对方的底细，至少你清楚了，如果你们之间不得不走到分手那一步，对方是否会一蹶不振或者不依不饶。

如何支配收入

任何婚恋关系都不可避免地会涉及经济问题，不少夫妻就是因为消费观有着巨大的鸿沟而分手。比如，一个月光族和一个存钱族必须调和消费观才不会对彼此指手画脚，或者感到自己的利益被侵犯。

所以，提前了解他会如何分配自己的收入以及他的消费结构，能够对他的金钱观、消费观有初步的了解。如果感到不合适，就要提前沟通。

>>> 人际关系

除了日常生活，容易引发亲密关系矛盾的还有如何处理人际关系，这里的人际关系主要是指跟异性的关系。就如同你经常看到的那些热门讨论帖，伴侣中的一方没有处理好跟异性的关系，暧昧、过于亲密甚至是出轨都会导致双方信任被破坏、关系瓦解。

在相处之初，可以试着讨论如何处理与异性的友谊，如何理解跟异性相处的底线，哪些情况下可能突破这层底线，当因为这个问题产生争执时会如何处理以及对彼此的要求，等等。

>>> 性

除非双方都不在意性生活，否则，亲密行为不和谐的伴侣关系是很难稳定而长久的。毕竟，性是双方沟通和增强亲密感的重要途径。

但是，切忌走进一个误区：性关系只靠实践来沟通，因为它所表达的东西不能完全取代语言。两个人要在性问题上达成一致，就要了解彼此对于性问题的态度，你们是否愿意就这个问题进行交流、分享感受，双方如何看待婚恋关系中的性、婚恋关系以外的性，以及如果遇到性方面的问题希望如何处理。

以上涉及亲密关系中四个核心方面的问题，都可以成为你直接了解对方的通道，而在对彼此了解的过程中，自然会清楚你能否接受对方，比较并评估你们是否真的合适。

往往真正决定两人是否合适的不是身高、年龄、收入和距离，而是涉及关系本质的存在，所以别被外在的条件迷惑，这些内在的、深层的认知和态度决定你们能否走得长远。

恋爱到底是性格相似好还是互补好

据我的不完全统计，我认识的朋友里，每每谈起分手，90%都会提起一个原因。说到这里，我想你一定猜到了那是什么。

相恋的人各有各的初衷，分手的人却总是有一个相同的理由——性格不合。

有人说性格决定命运，现在看来，性格影响的东西太多了，甚至掌管我们的婚恋大权。性格不像性别那么容易一眼识别，它需要我们长期接触和相处才能探究清楚。如果在恋爱前，我们就能知道到底该找一个什么性格的人相处，是不是就能避免性格不合导致分手的不完美结局？

其实，对方是什么样的性格不是最关键的。简单来讲，关键在于他跟你的性格是否匹配。而"匹配"二字又蕴含着不少学问，可能是互补的模式，也可能是相似的类型。

那么，我们是该找性格互补的人谈恋爱，还是该找性格相似的人谈恋爱呢？哪种类型的配对更容易让恋情保持长久呢？

其实，相似和互补都能促成恋爱的发生。

这一点还是要说明的：其实相似和互补对恋爱的影响并不存在于两个人交往的最初，反而，这两种类型都有可能促成恋爱的发展。

性格是指表现在人对现实的态度和相应的行为方式中比较稳定的、具有核心意义的个性心理特征，性格表现了人们对现实和周围世界的态度，并表现在人们的行为举止中，它主要体现在人们对自己、对别人、对事物的态度和所采取的言行上。

性格相似的两个人很容易快速产生吸引，因为相似的性格，你们更可能有共同的兴趣和爱好，极易产生共鸣。即便兴趣爱好有差别，对待人和事的相同态度也会在接触的过程中显露。这种相似性就像一种生命的馈赠，也像是一种缘分的牵引。毕竟，大千世界，千人千面，能在茫茫人海遇到一个相似的灵魂，实在是太让人惊喜了。

大多数人都喜欢跟自己相似的人，因为这种相似性是对自我的肯定和强化。你爱冒险、追求刺激，恰好对方也是因此而喜欢极限运动。你觉得对方很棒，其实潜意识里是觉得自己很棒。"你看，他说得多好，极限运动是对自己意志力的挑战，也是一种精神的鼓舞"，这样的想法会让你更欣赏自己。同时，这种共通点会让你减少心理防备，敞开心扉，接纳对方，加速恋爱的发展，因为你觉得对方更容易理解你。

互补的性格类型也有滋生恋爱关系的妙处。心理学家荣格认为，其实每个人都有显性和隐性这两种不同的人格，比如粗犷的人内心也有细腻之处，冷静的人也有冲动的一面，这种隐性的性格也叫作"影子性格"，因为常常被压抑和隐藏，它们更需要释放。

如果你遇到一个显性性格恰好是你的隐性性格的人，你的内心会感到兴奋，有一种被补偿和释放的畅快感。这种互补的格局在关系建立的最初会变成一种"特别之处"令人着迷，像是找到了自己真正缺失的那部分。

所以，互补也好，相似也罢，只是恋爱产生的引子，并不决定最终的发展和恋爱的质量。

真正更容易促成恋爱长久和稳定的是彼此性格的相似性。

心理学家齐克·鲁宾等人在长达数年的时间里，调查了202对正在交往的情侣，他们中有103对最终分手。这些情侣跟其他终成眷属的情侣相比，在性别角色、跟熟人发生性关系的态度、浪漫主义以及宗教信仰方面存在较大的差异。

也就是说，价值观和性格的差异极有可能导致恋爱关系的破裂，而性格相似的情侣更有可能维持稳定的婚恋关系。

如果在社会地位、家庭背景等宏观层面的情况旗鼓相当，一个跟你相似的人可能是更好的选择，这种配对也叫作同型婚配。

很多人会用真爱至上的道理去思考这个结果，他们往往认为还是因为不够深爱所以无法包容对方与自己的不同，最终导致分手，性格不合只是导火索。

那么，爱情到底是什么呢？它是婚恋关系的必要条件，却并不是充分的条件。两个人可以深爱着彼此，但并不意味着恋爱关系能够长久，并且爱也从来不是一成不变的东西，它可以纵深发展，也可以浮于表面而最终消失殆尽。

生活中的细节往往会消磨彼此的爱意，使两个人的爱情最终变得冷淡。

当你说"我爱你"的时候，是一个瞬间的感觉；当你说"我会永远爱你"的时候，也是一个瞬间的承诺。我们当然希望一瞬间的感觉和承诺能自动复制到每一个瞬间，最后组合成永恒。但遗憾的是，即便深爱彼此一生的两个人，也不是时时刻刻都在爱着，他们既体验到爱的瞬间，同样经历过很多体会不到爱的片刻。这就像我们常说的，再恩爱的夫妻，一辈子也有几百次产生想要掐死对方的念头，这些念头往往产生于体会不到爱的片刻。

所有这样的片刻叠加在一起，决定了两个最终的关系走向。爱的瞬间越多，越有可能产生正向的积累；不爱的片刻越多，越有可能摧毁和消磨掉爱的信念。

所以，没有真正持续不断、连绵起伏的爱，只存在一瞬间、一瞬间的爱。美国北卡罗来纳大学教授、积极心理学家芭芭拉·弗雷德里克森（Barbara Fredrickson）通过多年研究，把爱定义为一个个"发生了积极共鸣的微小瞬间"。

什么样的两个人更有可能发生积极共鸣，进而创造无数爱的瞬间呢？

具备相似性格的伴侣在这方面具有天然的优势。

假设你是一个容易悲观的人，你的伴侣是一个乐观的人。如果你刚刚跳槽到了一家新公司，你可能最想表达的是你的忧虑，不能胜任新工作怎么办？同事不好相处怎么办？但在对方眼里，他更有可能只注意到新公司的发展前景好，你的待遇有了大幅提升，这是一次新的挑战，等等。

所以，你可能很难在对方的表现和回应里找到你需要的理解和安慰，而对方也不太容易理解你对未来的踟蹰和担心。

这样的差异可能带来冲突或是彼此内心的隔阂，一次两次倒还好，但两个人在一起时间久了，要面对的可不仅仅是工作升迁这样的问题，还有很多生活中琐碎的细节。每产生一次隔阂，就会让你们之间的性格差异突显一次。如果不积极妥善地处理，这些琐碎的具有破坏性的细节将会造成彼此不堪重负而分手。

但如果是两个性格和价值观相似的人相处，产生冲突的机会少，因此在解决冲突和矛盾上花的时间和精力就少，两个人相处会产生相对较多的愉悦体验。

不仅如此，和谐一致的思考和行动方式更有可能激发和推动彼此的成长。两个都容易忧虑的人，会更慎重地做出选择，趋利避害。两个生性更乐观的人会一起采取更积极的行动，促成事情朝着期待中的结果发展。

性格相似的人不需要总是强调包容和理解，因为理解这件事在他们相处的过程中是自然而然发生的，因为相似，让我们跟理解自己一样毫不费力就明白对方所思所想。

其实，相似的恋人更容易白头偕老的真正奥义在于，他们能够深刻地理解和体谅对方，满足彼此的需求。这也是互补型恋人突破差异创造一致的关键，即便你们之间存在着不同甚至是近乎相反的性格特点，但只要能把握住对方的真实需求，同样可以白头偕老。

这就像控制型的人和服从型的人、主动型的人和被动型的人，他们正是因为填补了对方的需求，所以像两个紧紧啮合的齿轮，可以顺滑地运转。

如果对方需要一颗糖，请不要给他一个果子；如果对方需要一首歌，就不要只是起舞。除了爱，我们总应该去对方心里瞧一瞧他真正渴望什么，这才是能让"性格不合"真正消弭的关键所在。

小心"第三者心态"毁了你们的关系

一位读者留言说，能不能讲讲如何看待男友的前女友。

其实这个问题算是个"假问题"，除非你还要跟男友的前女友打交道，否则真的用不着找个合适的角度特意去"看待"一番。

这个问题让我想起了一位朋友的烦恼。

那段时间她总是会来问我，她老公是不是忘不了他的前女友，甚至会抛下她不管。

她提供了一些蛛丝马迹，比如整理书柜时找到了老公的前女友送的书，偶然在微博上发现他们经常去的一家餐厅竟然是老公跟前女友去过的。她最紧张的是老公跟前女友曾经是同事，同行业的圈子并不大，会不会以后又成为同事就旧情复燃了？

我朋友的老公是不是忘不了前女友我不知道，但我确切地知道我的朋友忘不了老公的前女友，因为说来说去，一直把这个前任挂在嘴边的是她，一直惦记着各种可能性的也是她。

提问的读者和我的这位朋友很像，她们把现任的前任看成了假想敌，甚至担心前任会成为未来的第三者，这种心态很可怕。她们看似是担心第三个人会出现在自己的亲密关系中，但实际上一直把自己当成亲密关系中不被爱、可替代的那一个，这叫作"第三者心态"。

我曾经问有此烦恼的朋友：除了这些蛛丝马迹，你还发现了其他什么吗？或者说你老公的确还跟前女友有联系甚至更亲近的接触？

她承认并没有发生异常情况，但是这些微小的证据让她很没有安全感，每次看见老公发呆，她都觉得他在想念前女友。

最后，她下了结论：当初老公跟前女友分手不久就跟她在一起，她一定是个替代品，老公爱的是前女友。

听起来，她已经认定老公和曾经的恋人才是相爱的一对，老公心里的"白月光"是前女友，而她反倒成了不小心涉足这段关系的多余的人。

带着"第三者心态"去审视对方，审视自己，审视两人的关系，再找到各种蛛丝马迹去验证自己的看法，最终要么是你们之间真的出现第三者，要么即便没有第三者，关系也会越来越松散，因为你已经不再把你和伴侣看成一个整体，而是被分割的两个部分而已。

你怀抱这种心态的开始，也是你排斥伴侣以及排斥这段关系的开始。

只要对方有一点不如你意，你就会觉得是因为那个假想敌。

老公下班晚回家，可能是因为不想回家面对你；

过节送你一份礼物，你会想这是不是他前女友喜欢的款式；

要是恰巧伴侣没有彻底清除曾经的照片、微博和前任的联系方式，在你看来绝对是复合的提前准备。

你会把一点不如意扩大化，上升到他不爱你而是爱那个假想敌的高度。

你还会觉得，既然如此，那我也不付出了，我也不努力了，你只想等待"真相"被戳破的那一天——他真的告诉你他一早就爱的并不是你了。

我的那位朋友最后实在受不了这种自我折磨，干脆亮出底牌问了个清楚。

结果，她老公笑了一个晚上，根本没想到她会把这些蛛丝马迹翻找出来还当成天大的事。他不记得那本书的存在，带她去那家餐厅也从来不是为了缅怀过去，就是因为饭菜好吃罢了。至于未来会不会跟前女友成为同事，她老公说，我从来没想过，因为无论会不会成为同事，他都不在乎。

这是让我朋友豁然开朗的回答，她也总算吃了一颗定心丸。但随后没多久，她又反复推敲这段回答是否坦诚真实。

我在想，或许某一天，她把老公的这个前女友忘了，或许又会找到他跟另一位前女友交往过的痕迹。

只要"第三者心态"残存，危机感就会满溢。

想改变这种疑神疑鬼的"第三者心态"，你得先明白为什么会在意那个前任，甚至把她当成假想敌。

>>> 你们的亲密关系本身有问题

或许你的确如我的朋友一般找到过一些前任的痕迹，再反观你和伴侣之间的关系，会觉得"伴侣忘不掉前任"是因，"我们的关系出了问题"是果。

但实际上，可能是你们之间的关系先出现了问题，你没有对症下药，反而把注意力放在其他事情上，所以才会假想"伴侣忘不掉前任"是事情的诱因。

我们总是会给一切问题找一个自己最容易接受的、最合理的解释，但最容易接受和最合理往往不等于最真实。

"伴侣忘不掉前任"或许是个你能接受的、合理的理由，可实际上它是替罪羊，掩盖的是你们之间真实的问题——两个人最近沟通不够，或者关系进入了倦怠期，抑或只是双方都太累，缺失了对彼此的关心和照顾。

把目光聚焦于两个人身上，聚焦于关系中，才是找到答案的关键所在。

>>> 高控制欲，低安全感

毋庸置疑的是，会产生"第三者心态"的人，安全感都很低，他们会草木皆兵，会觉得周遭的情况有危害自己的可能。在别人眼里极为平常的事，在他们看来危险指数陡增，更何况是伴侣的前任这个安全隐患。

低安全感的人常常伴有高控制欲的特点，为了感到安全，会无意识地要求周遭的一切都尽量可控，也可以说控制欲越强的人安全感越低，两种特质互为因果。

"控制"这件事，本身就是为了避免危险的可能，除了环境和自己，他们也会试图去控制周围的人，显然伴侣前任的存在不可控，他们便会因此失控。

这种失控会导致在脑内剧场里上演无数糟糕的可能，"第三者心态"就是其中的一种。她们把自己想象成会被抛弃、不被爱的那一个，如此强化自己的低安全感，最终形成恶性循环。

所以，要避免这种心态的出现，你要调试的是自己内心的不安全感和高控制欲，而不是试图去纠正自己完全不可控的部分，那只是徒劳。

>>> 自卑，过度比较

"第三者心态"还折射着自卑的可能，无论那个假想敌是不是比你漂亮、是不是比你优秀，你都在心里认为伴侣对她念念不忘，这意味着你已经在心里觉得自己不如她。

自卑的人最爱比较，往往比较的结果都一样——自己输了。

当你把自己定义成弱小而不被爱的那一个，当你觉得自己不如别人重要，自然会联想到伴侣对前任念念不忘。真相一定如此吗？

真相是你用自卑演绎了一段悲情的故事，还没真的开战，你就先举旗投降。

如此来看，心态的问题要回归到自己身上找原因。否则，即便你摆脱了这位前任，也会把伴侣身边的其他人看作假想敌，依然把自己当成不被爱的"第三者"。

任何一种关系的崩坏，都是从两个人身上开始的。即便真的有第三者入侵，也不过是个表象。如果你不警惕这种"第三者心态"，把两个人的问题投射到第三个人身上，这便是真正危机的开始。

男友有红颜知己怎么办

曾经看到一个帖子，说一个男孩跟女朋友闹矛盾，原因是女朋友反对他跟"女哥们"来往，他很无奈，明明跟这个"女哥们"没什么亲密接触，但是被怀疑，还被下了"禁足令"。

帖子里出现了水火不相容的两派观点，女网友大多说禁得好，管你是"女哥们"还是青梅竹马，一律"禁无赦"；男网友同情理解并表示有要好的"女哥们"是正当需求，凭什么扼杀？

所谓"女哥们"，其实就是红颜知己。百度百科对此定义为：一个在精神上独立，灵魂上与你平等，并能够达成深刻共鸣的女性朋友。

时代不同了，红颜知己换了一个新马甲出现，变成了"女哥们"。但是，甭管叫什么名号，本质上都一样，男人跟女人之间产生了与爱情、友情、亲情不一样的关系，可以叫作"第四类情感"。

之所以说是"第四类"，是因为它无法完全被界定为任何一种纯粹的情感，并且它又掺杂了爱情、友情和亲情的成分，至于哪种成分比例更高，是因人而异、视情况而定的。

· 如果是纯粹的爱情，想必两个人早就喜结连理；

· 如果是友情，却又比一般的朋友多出一些亲昵和默契；

· 如果是亲情，却没有血缘基础。

所以，这种关系多边跨界，又多面不靠，成了一个难以处理得当的问题，也常常成为感情隐患。

但既然它存在，还有人为此苦恼，就说明"第四类情感"是应该引起注意的。我采访了几位朋友对它的看法和态度，以下是我采访的内容（经被采访对象同意，以大写英文字母呈现）。

>>> A，男，30岁，未婚，互联网从业者

问：你怎么看待男人和红颜知己这种关系？

答：红颜知己实际上是一个倾诉对象，之所以有红颜知己，是因为在两性关系中，女性一方未能很好地承担这个角色，而人本身是需要倾诉的。

生活中出现了这样一个可以理解你、体谅你的人，要么成了红颜知己，要么成了小三。换过来说，在女性身上，男闺密也具备同样的特质。

问：你女朋友能接受你有红颜知己吗？

答：应该接受不了，但是我会努力让她们成为朋友。

问：做到了吗？

答：还没完全做到，女朋友表面接受，但心存芥蒂，可能是因为嫉妒还有占有欲吧，也有为人处世不成熟的原因。

>>> B，男，29岁，已婚，银行从业人士

问：你怎么看待男人和红颜知己这种关系？

答：我觉得我需要有个红颜知己，有些话没办法跟老婆说，但适合跟红颜知己说。

问：为什么只适合跟红颜知己说呢？

答：没有利益关系，就比较放松，而且跟红颜知己关系比较亲近，她会比其他人更容易接纳我。

问：你老婆能接受你有红颜知己吗？

答：她不知道啊！

问：为什么不告诉她？

答：解释起来太麻烦，也为了避免老婆多想。

>>> C，男，28岁，未婚，文字编辑

问：你怎么看待男人和红颜知己这种关系？

答：其实，我觉得我不需要红颜知己，很多时候心意相通是一种幻觉。不过，如果真的有非常有默契又精神共鸣的红颜知己，我会很开心。

问：那你觉得女朋友会接受你有红颜知己吗？

答：不管接不接受，我都不会放弃红颜知己，这是一种很珍贵的关系。

>>> D，男，25岁，未婚，待业

问：你怎么看待男人和红颜知己这种关系？

答：其实，就是关系比较好的朋友，只是恰好性别女。我觉得有个红颜知己很正常，能说点跟同性不好意思说的，她们也不会不耐烦，有时候还能给我提点小建议，关于时尚搭配啊，人情世故啊，挺好的。要想避免成为一个"直男癌"，还是需要有红颜知己的。

问：那你觉得女朋友会接受你有红颜知己吗？

答：红颜知己好像比较容易发展成女朋友，不过如果有了女朋友就会回避这种关系。毕竟红颜知己的部分功能被女朋友代替了啊，也怕女朋友误会，就少来往吧。

问：什么功能会被女朋友代替？

答：帮着参谋一些事情，还有情感交流吧。

谈起红颜知己，男性都比较轻松，但是女人对红颜知己的态度不太一样。

>>> E，女，29岁，未婚，"野生"情感咨询师

问：你觉得男人需要红颜知己吗？

答：不需要，红颜知己多半是"绿茶"。如果有什么事不能跟我说，可以跟哥们说啊！红颜知己对我来说就是行走的绿帽子，说不定喝醉了红颜知己会说"我爱你很久了"。

问：那如果你男朋友已经有红颜知己了怎么办？

答：我会让他保持距离。另一半有红颜知己会让自己很有挫败感，我最向往的感情是我们是恋人又是知己。如果红颜能给他知己的感觉，那身体出轨不过是迟早的事。

>>> F，女，26岁，已婚，品牌推广

问：你觉得男人需要红颜知己吗？

答：不需要。

问：你能接受老公有红颜知己吗？

答：不能！我占有欲太强，强到我自己都害怕，坚决不允许他今生接触我以外的女人，否则杀无赦！

问：你担心什么呢？出轨吗？

答：不担心，但是要杜绝一切可能，先下手为强。婚前我已经把一切隐患都铲除了！

问：怎么铲除的？

答：时不时地突击查手机。QQ啥的密码全在我手，时不时上去查查，定期清理，安全无忧。现在也不用查了，糟老头一个，没人要啦。

>>> G，女，23岁，未婚，市场专员

问：你觉得男人需要红颜知己吗？

答：需要啊，就像女人需要男闺密。有些关于女性的问题，不想问女朋友或者老婆，或者不敢问，这个时候就可以问红颜知己啦。另外，我觉得男人有个红颜知己对女朋友来说也挺好啊，他通过红颜知己更了解女人，懂得如何对女朋友更好。

问：你能接受男朋友有红颜知己吗？

答：我能接受啊。他若有心出轨，你杜绝他有红颜知己，他也会出轨，何必阻止呢？

看完以上的采访，会发现一些对待红颜知己的性别差异。

男性更容易接受或者说自觉有这样的需要，也会把红颜知己当成重要的关系；但是对女性来说，持开放态度的少，多数对于红颜知己非常敏感，会将其当成假想敌，至少不会欣然接受。

>>> 为什么男性想要或者需要一个红颜知己呢

需要倾诉

男性也有沟通的需求，但对他们而言，开放式的、可以畅所欲言的倾诉不太可能发生在亲密关系中，因为要照顾对方的感受，要考虑共同利益，甚至要维持自己在另一半面前的形象。所以，他们需要一个跟自己生活并不休戚相关的人作为一个"无害"的倾听者。

这个人最好是女性，因为女性的回馈更细腻、更温柔，与男性粗犷的视角不同。不但可以释放负面情绪，还可能得到女性视角的建议，何乐而不为呢？

成本低

红颜知己跟女朋友和老婆的区别，就在于维系这种关系的成本低。他们会选择更懂事、更不计较、更容易共情的异性作为红颜知己，他们既不需要精心安排的纪念日，也不需要对方时刻照顾她们的喜怒哀乐。红颜知己对男性最大的需求不过是难过时说几句安慰的话、借个肩膀，或者偶尔听听她们的生活见闻罢了，相比女朋友来说，红颜知己"太好伺候"。

彰显男性魅力

男性选择女性作为知己，其实也是出于本能。异性更有吸引力是毋庸置疑的，此外，如果身边有一位或者几位红颜知己也能彰显自己的魅力，证明自己对于异性是有吸引力的，证明自己是有"异性缘"的。

从某种程度上来说，拥有红颜知己能满足男性的征服欲。尽管她不是自己的亲密伴侣，但她依然愿意跟自己保持"第四类情感"，这无疑是博得对方青睐的一种体现。

>>> "第四类情感"危险吗

女性对于红颜知己的敌意和防范意识是可以理解的，毕竟这种情感超越了一般的友谊。

"第四类情感"是否危险的确没有绝对的答案，但要明白它危险与否取决于红颜知己，而不是红颜知己身边的男人。

在征服女性这件事上，男性是非常有野心的。如果他爱慕一位女性，是绝不会只满足于止步在"第四类情感"前，而会用尽全力把她变成自己的伴侣，而不是仅仅让她成为红颜知己。

既然他已经止步于此，那就说明他对红颜知己的情感未到燃烧的时候，还有可能早已熄火。你不必过于担心激情的火苗会重新点燃，男性跟女性不一样，他们并不擅长日久生情，他们的情感过程比女性快速直接，会在漫长的相处过程中产生感情的更多是女性。

所以，你不必把男性拥有红颜知己定义为在为自己找备胎，或者随时准备出轨。如果他们早就有此打算，不会迟迟不肯行动。

更应该担心的是红颜知己的心态，是因为求而不得才作为红颜知己常伴男性左右，还是已然跨越性别，毫无他想地跟男性相处？抑或是伺机而动，随时等待机会？

无论是哪一种可能，作为男性，作为女朋友或者妻子，都要处理好这种关系，做以下几件事可以巧妙地防患于未然又不伤及感情。

跟他的红颜知己成为朋友

既然已经是你伴侣的红颜知己，当然有必要互相认识一下。这是了解这位红颜知己的机会，也是帮他们划清界限的一种提醒。

这件事完全不需要挑明，你们碰面，不同的角色当然有不同的行为表现，你可以了解他们之间亲昵的程度，也要适时展现你跟伴侣的亲密。

即便红颜知己真的有进一步的想法，看到你们的关系进展顺利也会识趣，知难而退。

放手而不是抓紧

伴侣跟红颜知己的关系，一定要管。但这种"管"不是打压，不是抓紧，而是放手。

放手的前提是交代清楚你能接受的底线以及你对他的要求，让对方有意识地去把握好"第四类情感"，不能越界。

过分抓紧和打压反而会使伴侣生出逆反心理，也让伴侣感到不被信任，更容易使你们的关系产生裂痕，让他内心的天秤向红颜知己倾斜。

主动暴露底线

作为男性，不能任凭跟红颜知己的关系跨越界限，要在适当的时候主动告知你如何定义你们的关系，不要传递给对方暧昧的信息。如果可能，还可以跟红颜知己的伴侣成为朋友，互相认识，也是互相提醒。

关于"红颜知己"，百度百科上有这样一句话：她是男人一生最可贵、最难得，也最梦寐以求的存在。

这句话我认同一半，无论是男人还是女人，其实谁都希望有这样一个人跟自己有默契，高度共鸣，但希望那个人既不是红颜知己也不是蓝颜知己，恰好就是我要找的终生伴侣。

满足这三个条件，分手后还能做朋友

读者留言问我，刚分手，放不下，想像朋友一样继续留在他身边，陪着他就好。这样做可以吗？

很多人都经历过这样的纠结：分手了，如何跟前任相处？不再相处，就此各自曲折各自悲哀？

如果我说视情况而定，好像是敷衍，又像是一句废话。我知道那肯定不是你们想要的回答，失去爱人的伤痛加上对未来的迷茫，我们都需要一个标准方向。

我最近看到两个视频，就是讨论跟前任做朋友的，有男生版和女生版，有兴趣的可以点开看看男性和女性对这件事的不同看法。

有些研究数据也会帮你打开思路。

研究发现，大约有60%的人可以继续和旧情人当朋友，或再续前缘。听到这个你会不会为之振奋，或是开始猜测你是不是那40%的少数人？

先别急着拿起手机给前任发信息，继续做朋友是需要条件的。

布洛克（Bullock）、哈克松（Hackathorn）、克拉克（Clark）和马丁利（Mattingly）于2011年做了一个实验，他们调查了131位分过手的人，发现在一起的时候越开心满意的人，越有可能在分手后还是朋友，而那些曾经的欢乐与满足可能促使他们更愿意去经营、去维系分手后的友情，进一步让分手后的关系更为美好。

也就是说，如果你们只是因为一些无伤大雅的客观原因分手了，比如异地相隔，比如父母阻拦，但是恋爱的时候愉快而又幸福，那么当时的甜蜜在分手之后，可以成为友谊的养料。而且，你们可以通过分手后的努力，重建朋友关系。

这样看来，分手或许只是"终止"了恋爱，但是"终止"可能只是关系的"中止"，爱情或许会变成友情，以新的姿态继续展开人际关系。

除了前面提到的条件，分手后做朋友还需要考虑几件事。

>>> 谁提出的分手

研究发现，如果双方都有分手意愿，那么分开后更容易继续当朋友。在这种情况下，一般双方对这段感情都已感到不满，彼此之间依赖减少。因此，分手对双方来说并不算坏事，甚至可能是解脱。

也有研究得出结论，如果是男方提出分手，那么分手后双方成为朋友的可能性更大。具体的原因还没有得到进一步探讨，笔者认为可能是出于社会期待：男性在恋爱关系中往往被定义为要承担责任的一方，男性主动提出分手更容易被舆论指责，所以他们会出于愧疚感引发的补偿心理，愿意与前任保持联络，甚至会以朋友的方式继续给予关心和照顾。

>>> 恋爱之前你们的关系如何

如果你们恋爱前就已经是朋友，那么更有可能在分手后当朋友，因为你们比较清楚该如何以朋友的方式来相处。

就像《老友记》里的罗斯（Ross）和瑞秋（Rachel），他们在第一次分手后尴尬了几天便又回到最初的好友状态，甚至在之后复合。反之，许多恋情是因激情或吸引建立起来的。也就是说，在交往之前，两人根本不是朋友，只是为了建立恋爱关系而保持联结。如果在分手后想做朋友，就要重新学习相处方式，学习成本很高。

所以，这样的关系还能退回到哪里呢？也许只能是最熟悉的陌生人。

>>> 如何处理分手

如果你们和平分手，并能严肃认真地探讨分手的相关事宜，那么双方更有可能在分手后成为朋友。而那些以争执、敌对、不理不睬甚至是一方失踪的方式结束的恋爱，很可能意味着老死不相往来。

但这一点并不绝对，心理学家班克斯（Banks）、欧登多（Altendorf）、格林（Greene）和科迪（Cody）补充了对这一点的研究，他们发现分手后能不能当朋友，不取决于分手方式，而是关乎两人在彼此心中的地位，以及很多外在的条件，也就是说要天时、地利、人和。

当彼此觉得对方很有吸引力，互相信任，朋友圈有很多重叠，而且双方都愿意调整，两人更可能继续当朋友。

其实，不论你们之间是否具备成为朋友的条件，都不要操之过急，时间也是一个很重要的因素。

建议分手后冷处理，不要强求双方能快速进入朋友的角色，彼此都需要一段时间来调整自己。如果对方完全跟没有分手这回事一样继续与你保持密切联系，千万不要天真地认为他一定是想跟你复合，不如观察一段时间再做判断。

比如，提出分手的那一方，仍然会出于某种原因（比如利益）而不愿意切断联系，这种行为通常会对被分手者造成很大伤害，因为这会让他们感觉复合是有机会的。

曾经看日剧《四重奏》，记得里面有一句话："比悲伤更悲伤的是空欢喜。"既给了模糊不清的期望，又迟早会让人失望，那么不如从一开始就划清界限、表明立场。所以，不要立刻回应，更不要主动联系，等你能够彻底断了复合的念头，并且可以独立、不再依恋对方时，才是可以考虑是否建立友谊的时机。

不过，分手后真要做到不联系，在现代社会还真的是一场需要自我克制的修行。虽然分手后不能见到对方，不能打电话，不能发信息，但不代表我们就不能得知对方的消息。只要掏出手机，在家刷刷社交网站和朋友圈就可以"跟踪"前任，了解他最近在干什么。这种联系叫没有互动的"弱联系"（weak-tie contact）。有些技术高超的还可以查IP或者从微博@了谁、关注了谁，查出前任的新欢。

有相关研究表明，这种社交网络上的"弱联系"甚至会比"强联系"（例如打电话、发短信）更加阻碍分手后情绪的恢复，而且阻碍的程度与花在"弱联系"上的时间成正比。

这不难理解，"弱联系"与打电话、发短信等联系方式相比提供了更多的信息。毕竟，分手之后在社交网络上看到对方的概率要比亲眼见到的概率大很多。当你看到对方更新了状态，发现他跟别人交往，你很有可能嫉妒生气，当然影响情绪复原。

《物不迁论》里有一句话，"交臂非故"，擦肩而过后，我们都不再是从前的彼此。也许就算可以退回到朋友的身份，碰撞出火花，也不会是当初所冀望的那种温柔。

依我看来，分了手就不如各自在生活里跌跌撞撞，哪怕打落牙齿也要和血吞。

他付出得越多，才会越珍惜你

　　很久之前看过一部日本电影，讲的是一对夫妻的故事。他们经营一家杂货铺，其实一切都由妻子打理，进货、上货、卖货和家务都不需要丈夫操心，他每天发呆喝酒就好，偶尔心情不好还打打妻子。整部电影很灰暗，妻子非常辛苦，丈夫对一切不闻不问，最后竟然离家出走再也没回去。

　　当时看完这部电影感觉很压抑，也曾感慨过，这个男人无能又负心，女主伟大又可怜。

　　直到最近我见到了这部电影的现实版，却有一些不一样的想法。A姑娘跟男朋友在一起多年，两个人家境都很一般。为了攒钱买房子省吃俭用，男友赚的不多工作也累，A姑娘体贴他，所以不论自己多辛苦都会包揽家务活。下班回家先给男朋友做饭，吃完饭她洗碗打扫卫生，有时候还会接些私活忙到半夜。男友有时候也会主动帮忙做点什么，A姑娘都会以"你刷碗不干净"这样的理由回绝。有几次A姑娘生病，男友说叫外卖吧，你也休息一下。A姑娘说，外卖贵，还是自己做吧。

总之，只要A姑娘还有一口气，她就不会让男朋友操一点心。

刚开始在一起的时候，每逢纪念日情人节，男友会送礼物和花，但A姑娘都会嗔怪他，说"不用买不需要的东西，玫瑰花又不能变成首付"。经过这么几次，他们没再过过任何节日，A姑娘不认为这有什么不妥，男友更是不会再表达心意了。

A姑娘的确贤惠体贴又懂事，或者说不该贤惠体贴懂事的时候也这么做了，只可惜并没换来对方的珍惜。男友借着换工作的由头，离开了北京，提出了分手。A姑娘问，理由呢？不是好好的吗？是我哪里做错了吗？为什么要分手？

男友说，你没错，是我的问题，我欠你太多，承受不了。

如果A姑娘来问我这个问题，我想说，你是个好姑娘，但你真的做错了。勤俭持家没错，任劳任怨没错，错的是过头了，这段关系中不是只有你一个人存在，另一个人绝对不该只是个摆设。

爱一个人总要用些方式来表明心迹。你愿意为他吃苦做饭洗衣，但至少该接受他为你系上围裙擦擦汗；你愿意为他艰苦朴素不添置新衫新鞋，但至少该对他的节日馈赠感到惊喜。然而，这一切都被抹杀了，他们之间的互动模式只是一方单方面地付出，另一方等着接受就好，一旦另一方想要投入和付出点什么，就会被回绝和否定。

很多人都会犯这样的错误，以为掏心掏肺，替对方打点好一切才是爱得彻底，他们爱的方式就是不停付出，绝不求回报，好像对方为他做点什么都是一种羞辱。他们以为这样就能锁定对方，让对方死心塌地，"因为我对你这么好，我为你付出那么多，你肯定会更爱我，更珍惜我"。

实则不然，他想表达的热情都被你赶跑了，你要让他更爱你，他还能怎么表达？

任何关系都不能靠单方面的投入来维持，需要双方一起努力付出才能走得长远。如果你想要对方也重视这段关系、更爱你，同样需要他不断投入。

列夫·托尔斯泰写道："我们并不因为别人对我们的好而爱他们，而是因为自己对他们的好而爱他们。"

这句话不是没有依据。反复被验证的"富兰克林效应"提到："曾经帮过你一次忙的人会比那些你帮助过的人更愿意再帮你一次忙。"换句话说，要使某个人喜欢你，你要让他为你付出。

当时的实验结论依然适用于现在，假使你跟恋人在一起，是不是当初克服了越多的困难，投入了越多的精力和时间，你就会越珍惜这段关系？即便你在相处的过程中发现对方并不是那么让你满意，两个人在一起也并不总是其乐融融的，你会立刻决定分手吗？

这个过程中，你出现了认知失调，因为你的态度（对关系的满意度不高）和行为（对关系付出得多）之间产生了冲突，内心自然会产生焦虑和不快，本能反应就是想办法降低这种焦虑和不快。所以，很多人会自我怀疑一番后放弃分手的想法，他们会想办法自我说服，告诉自己，其实我还是很喜欢对方的，我们的恋爱也有很多美满之处。他们通过改变自己的态度使认知平衡，让心情平复，并且逐渐强化了"我很爱他""我对我们之间感到满意"之类的想法。

这样看来，只要付出，我们就会加强对付出对象的喜爱，从而感到越来越喜爱，促使我们付出得越来越多，这才是良性循环。

美国经济学家丹·艾瑞里也发现过类似的结论，投入越多的劳动（情感）就越容易高估物品的价值。他把这种现象称为"宜家效应"。当人们购买了宜家的家具后，回到家需要花很多力气把它组装起来。对亲手组装的家具，喜爱程度会超过同等品质的其他家具。这种个人的付出会让人们更高地评价物品本身的价值。

所以，当一个人为你付出的时候，不只是为了平衡自己的认知而更喜欢你，他们在情感体验上也会产生变化。付出的过程中，对方会感到愉悦，普通的家具也会因为被倾注了心血而使我们感到欣喜，更何况是一段关系和一个人。因为他的付出让这段关系建立、发展、焕发光彩，让它变得独特而富于个性，他自然会产生依恋的感觉。

我想起自己身上发生的一件事，我是出了名的"植物杀手"，养什么都会枯萎，只有一盆绿萝非常茁壮（别人说因为绿萝好养），我每天都会看看它生长得如何，还会定期浇水，对它爱护有加。但一次临时出差回来，我发现绿萝开始泛黄，非常担心，发信息问朋友怎么办。他说，实在不行你再买一盆啊，反正都一样。我说，怎么能一样呢？那是我精心照料过的绿萝！

其实，我知道，如果把我养过的绿萝和一盆造型差不多的绿萝摆在一起，很难区分它们，但是因为我对它投入过时间和精力，我更珍惜它，觉得它与众不同。

当然，除了依恋和愉悦，为他人付出也会让自己产生价值感和自我成就感。这些美好的体验都会让一个人对付出和投入的对象评价更高，积极的情绪会持续、不断扩散。

我们常说要对自己好一点，这种"好"可以理解为适度满足自己的需求。渴望别人对自己呵护和付出，也是一种需求，所以对自己好当然也包括欣然接受对方的付出和爱的表达。你值得对自己好，也值得别人对你好，这才是对自我的肯定。

长期单方面地付出对你而言，不仅是对自我价值的贬损，其实也是对对方的轻视。别担心接受付出就是亏欠，互相付出才是更加相爱的基础和动力，更何况你有能力也有心去回馈，不是吗？

恋叔有风险，动情须谨慎

不知道从何时开始，周围的女性朋友们开始迷恋大叔范儿的男人。

当然，参照模板都是成熟有魅力的男明星，比如吴秀波、方中信、张嘉译，还有《釜山行》里的壮大叔——马东锡。

对中年异性明星的喜好席卷了女性的择偶领域。之前，国家卫生和计划生育委员会与某大型婚恋交友运营平台联合发布《中国男女婚恋观调研报告》显示：

18～25岁之间的女性，70%是"大叔控"，这些女生喜欢比自己大10岁左右的男性，64%的"大叔控"希望与大叔恋爱，17%

的"大叔控"有过和大叔恋爱的经历。

看来热捧大叔的不只是萝莉，"轻熟女"也逐渐对大叔展开猛烈的攻坚战。那姑娘们喜欢的大叔到底是什么样的呢？

可以用四个维度总结大叔的特点：

·年龄：大多指30岁至50岁的男人。

·外形：有胡子、肚子等标志性附件。可以帅气、有型，也可以相貌平平，但必须具有成熟男性的魅力，举止稳重不浮躁。

·性格：性格不一而论，但一般具有洞悉世情、稳重踏实、体贴包容、敢担当责任等特点。

·能力：经历丰富、阅人无数，不乏社会各行业的中流砥柱，一般都事业初成，或者已有稳定的经济来源，以"更懂女性心思"为突出特征。

这样看来，大叔的确是一个有魅力的群体，但"大叔控"可能并不仅仅是迷恋这些表象，喜欢大叔，还有更深层的原因。

>>> "控"大叔还是"控"高价值，傻傻分不清楚

从之前总结的大叔定义来看，年轻女性们所"控"的大叔并不是所有大叔，而仅仅是其中属于成功人士的那部分。

经济稳定、性格包容、有社会地位等特征最终可归结于社会意义

上的"成功",即"较高的配偶价值"。

回溯人类进化史,女性为了更好地抚养后代,会更关注男性是否能获得足以糊口的资源。在狩猎、采集时代便是如此,远古女性更偏好获得更多食物的男性,而年龄比自己大的男性更容易得到财产或食物。

在现代社会,职场上的竞争异常激烈,嫁个大叔而不是自己与男人在职场上竞争成为一种新的可能,或者说这是女性提升社会地位的捷径,而这样的捷径通常只有具有"高价值"的大叔才能提供。

>>> "阿尼姆斯"(animus)在作祟

"阿尼姆斯"是心理学家荣格提出的概念,他认为阿尼姆斯是每个女人心中都有的男人形象,它身上有女性认为男性所有的好的特点。女人在遇到符合阿尼姆斯的男性时,会体验到强烈的吸引力,即女性会按照心中阿尼姆斯的形象去寻找配偶。

对于个体来说,阿尼姆斯在女人与生活中的男人交往的过程中可获得一个具体的形象,而父亲由于是女孩最早接触的男性,常常成为女孩的阿尼姆斯的化身,阿尼姆斯基本上是受了父亲的影响而形成。

所以,如果单纯用恋父情结去概括女性爱大叔是不全面的,即便你没有"厄特克拉特情结",你的阿尼姆斯原型也会跟你的父亲休戚相关。

成年之后,处处宠你、照顾你的爸爸也许不在身边,但你仍然习惯了这种被保护的女儿的角色，所以即便"干爹"勿扰，你也不会拒绝大叔的讨好。

>>> 习得性无助的并发症

许多年轻姑娘在与年龄相仿的异性恋爱时反复受挫，对同年龄段的异性感到悲观甚至恐惧，这就是习得性无助，她们因为重复的失败或惩罚而对现实感到无望。

脆弱无助时，如有大叔怜香惜玉，她们可能会跟抓住救命稻草一样寄希望于大叔的拯救。再加上许多影视剧中爱情模式的影响，许多姑娘纷纷倒入了大叔的怀抱。

恋上大叔的姑娘们，当"大叔控"这种心理倾向已成为事实，你们将要面对的阻力也不少，请充分做好心理准备。

>>> 非典型"权色交易"的真实内幕

择偶是一个双向选择过程，当你要求对方高价值的时候，对方也同样在评估你的价值。

不谈纯粹的权色交易，就从真心想以爱情的名义与对方走入婚姻来分析，"成功大叔"选择"美貌萝莉"做终身伴侣，也是非常不划算的。

这是因为，他的伴侣价值，如经济能力、社会地位等，会随着时间的推移不断增高，而你的伴侣价值，如年轻美貌、身材惹火等，却会随着时间的推移而减少。试问，成功男人智商不会太低，那么他为什么要和你结婚呢？

某姑娘在网上发表了一篇征婚启事，她认为自己姿色过人、谈吐文雅、品位脱俗，想找一位年薪50万美元的男友。后来，她遇上了一位多种产业的投资顾问。他专门对她做了一番基本面分析。

投资顾问说：

从生意人的角度来看，跟你结婚是个糟糕的经营决策，这其实是一笔简单的"财貌交易"。甲方提供过人的外表，乙方出钱，公平交易。但是，这里有个致命的问题，你的美貌会消逝，但他的钱却不会无缘无故减少，还很可能会逐年递增。

因此，从经济学的角度讲，他是增值资产，你是贬值资产，不但贬值，而且是加速贬值。美貌消逝的速度会越来越快，如果它是你仅有的资产，十年以后你的价值堪忧。

这听起来很残忍，但对一件会加速贬值的物资，明智的选择是租赁，而不是购入。

年薪超过50万美元的人，当然不是傻瓜。因此，他们会跟你交往，但不一定跟你结婚。所以，我劝你不要苦苦寻找嫁给有钱人的秘方。顺便说一句，你倒可以想办法把自己变成年薪50万美元的人，这比碰到一个有钱的傻瓜胜算要大。

（以上征婚案例及解析系引用）

所以，姑娘们，在踏入任何一段情感关系之前，请先理智地对双方做出评估。

与其用美貌和青春拴住大叔，不如多在内在美层面下功夫，提升自己的综合能力，保持新鲜感，给对方适度的挑战感，这些不会随时间流逝而变质的特质，也许才是大叔愿意与你走进婚姻殿堂的基础。

>>> "中年危机"——无法承受之重

很多与大叔过招的姑娘们都体验过，当你面对一个经历过太多故事的中年男人时，他时刻会用一种"我的世界你不懂"的怜悯姿态与你沟通。

不是大叔不爱跟你分享，而是在他的意识中，你远不具备跟他同等成熟的世界观和价值观，不具备理解他的能力，毕竟两个成长在完全不同的时代环境和生活环境中的人，想要在思维方式和深度上达到一致并非易事。

若大叔正逢中年危机，最是需要安慰、鼓励之时，撒娇"卖萌"技能怕是不足以让你帮大叔应付难关。久而久之，一切不和谐如礁石一般浮出水面，在婚姻里浮沉，你只落得个处处碰壁的下场。

进阶到跟大叔同等的修为需时日和耐心，你需要付出更多，加速成长。

>>> 最艰难的事——陪大叔变得更老

最后，我还要情感专家附身一般来说一说跟大叔的情爱关系。

大叔们对男女关系早已吃透，他们遇见了太多女人，有些太强硬，有些太天真，有些太职业化，有些太疲惫。他们觉得女人就这么几类，到后来都一样。

你青春无敌，你活泼天真，一开始大叔爱的是这个路子，但时间长了，你的种种缺点暴露后被放大，他又不缺别的女人欣赏，那么不如换一个。

花心病不是没有解药，但需要长期治疗。

如果你能做到十年如一日默默守候，那么跟着中尉守边二十年，自然有机会成为将军夫人。所以，能坚定地陪着大叔变得更老，这将是一场磨砺心志的攻坚战。

恋叔有风险，动情须谨慎。若你已望而却步，不如从现在开始关注身边的同龄男青年，毕竟每个被你爱得死去活来的成功大叔，都曾是被心爱姑娘抛弃的落魄青年。

单身久了会上瘾

不知道是该庆幸还是该遗憾，我在微信公众号里迎来第三个光棍节，不知道前年和去年也守候在这里的人，你们还在不在？

或许是因为这个本不该庆贺的节日的出现，我想起以前跟闺密的一段对话。当时，她刚失恋不到一星期，就火速找了一个新男朋友。我说她是典型的"渴爱症"，不谈恋爱就受不了。她反问我："咱俩本质上有区别吗？我是不停恋爱才行，你呢，一直单身才行。"

她说得对，她对恋爱上瘾，我对单身上瘾，我们都陷入一种状态无法自拔，谁也不比谁高级哪怕一点点。

虽然一直以"单身狗"自称，但对于单身这件事，我是骄傲的。

自嘲归自嘲，但单身有什么不好呢？就像打趣的段子说的那样：为什么要谈恋爱？是酒不好喝还是手机不好玩？

你看，单身并不是什么大的烦恼，除了偶尔被开玩笑挤兑几句之外，大部分时间里，我享受着这种状态，沉迷于单身，这很好。但这句话的另一层含意是，单身成瘾，所以你很难开始恋爱。

>>> "不敢想象两个人的日子该怎么过"

单身有千般好，谁单身谁知道。不用每天花时间哄女朋友，不用处心积虑想着节日到了送什么礼物，不用忍受他人的生活习惯，想去哪儿不用汇报，想几点回家全凭心情。节假日无处可去就在家博览群书、观影无数，厨艺长进了、艺术修养提升了，周末双休我可以连看两天展览不重样。

更重要的是精神上毫无负担，不用想着对方是不是爱你，有没有背着你跟别人暧昧。无论是生活上还是心理上，单身的状态总是更为轻松和简单，而一旦你适应了这种生活方式，就不愿去打破现状。熟悉的一切让你倍感舒适，想象让另一个人走进你的生活，至少对我来说，还真是会带来压力的一件事。它意味着生活要被打乱，不再能完全按照自己的步调，而要考虑和包容对方，要花时间跟另一个人相处和交流，要彼此熟悉和适应。

这种感觉就像是我精心建起来的城堡，再让我亲手推倒，去盖另一座更大更花时间的建筑，这让我本能地想要退却。

所以，从单身到恋爱的切换，跟任何一种改变到来一样，让我们望而却步和抗拒，我们会担忧适应不了改变，会不自觉地在内心掂量两种状态的分量。当单身成为一种心理惯性，想要去改变，难度不亚于失恋之后适应一个人的生活。

>>> **"我随时可以约会"**

单身成瘾的人绝对不止我一个，周围信奉单身万岁的人大有人在，理由不乏简单粗暴的：单身意味着我有大把机会。这也是部分人坚持单身的原因之一。

从某种意义上来说，单身并不是一个绝对值，它是一段区间，这段区间表明你处在随时可以约会的状态。有大把对象可以挑，普遍撒网，但未必重点选拔，这种自由来去的状态在很多人眼里远好过守着一个人死磕到底。

我曾问过一个关系特别好的哥们儿："你条件这么好，是挑花眼了吗？"他说："严格意义上来说，我不是在选择，而是在经历。跟对方的关系，我都是浅尝辄止，约会可以，恋爱不可以。这一点，我会说清楚，对方也一定要先明白。"

还没有准备好投身到一段严肃关系中，或许是因为有更重要的事，或许是因为内心依然有芥蒂。相比之下，轻松又不必负责任的关系就显得更有魅力，既不用负责，又可以享受彼此的关心爱护，这种状态会让人上瘾，因为既满足了自己的需求，又不会带来负担。所以，当明白眼下的自己并不适合恋爱时，跟对方达成共识，选择以更开放的态度相处，这种"单身可约会的状态"不失为一种更好的选择。

>>> "模糊的性别状态"

不要以为这种"可约会状态"随时可以转化成恋爱状态，一个长期保持单身的人很容易丧失性别魅力。

这种魅力无关能力、气质和个性，它更多取决于性别本身，它可以简单归为"男人味"和"女人味"。有时候它不可名状，无法进行标准的定义，但它会渗透在举手投足之间。

当长期单身或是处在异性交往缺失的环境里，人会无意识地模糊自己的性别，"性别感"会大大降低。单身男性打理自己的生活，要尽量照顾到日常琐事，时间久了，难免多出几分细腻敏感；单身女性独自生活久了，无论是换桶装水还是换灯泡都要亲力亲为，时间磨砺出的不仅是一身本领，也会有一些坚忍和粗犷。

再加上如果跟异性的交流减少，更难体验到性别差异，这是环境对我们的熏陶，在不知不觉间会让我们模糊自己的性别，也自然会磨损掉一部分来自性别本身的魅力。

自身的性别魅力减退也会让你相应地忽略对方的性别魅力，在这种情况下相处，即便是你想告别单身，两个人之间也很难擦出火花。

朋友曾问过我，长期单身是一种什么体验。我说："我感觉不到自己是个女人，当然，我也时常感觉不到对方是个男人。"

>>> "喂，你的入口在哪里"

对单身上瘾的人有一个共同点，那就是能在自身或现有的朋友圈里完成情感和情绪循环。他们没有更多情感交流的需求，内心和生活都相对封闭。

上周我同一个活动策划人一起吃饭，我们聊起恋爱这件事，因为彼此都对单身状态感到满意，所以不自觉地谈及"谈恋爱有什么意义"这个话题。最后，我们达成了共识：生活很充实，没有缺口，不需要人填空，当然，对追求者来说也没有什么突破口。

单身久的人早就学会了自给自足。你想跟他交流工作，他觉得隔行如隔山；你想跟他聊电影，人家看完跟朋友已经交流过了；你想多关心关心他，却发现他能打点好自己生活的方方面面，只让你觉得自己多余。

有个同事曾经向我诉苦，他在追求一个姑娘，却发现找不到任何能跟姑娘深入沟通下去的方法，用他的话说，"感觉她的内心没有入口，也没有指示牌，怎么都走不进去。"

这又是一个单身成瘾的人，自己的生活太有趣，所以无须跟他人分享人生。

>>> "没有拥有，才不会失去"

单身成瘾的人谈到恋爱这件事，最怕的不是改变，而是改变之后的结局。出来混，都受过些伤，好不容易伤口愈合复原，真的害怕再如此走一遭，所以单身也是一种心理上的防御，保护自己不再受伤。那么，从根源上断绝伤害，只能通过拒绝建立恋爱关系开始。

虽然两个人在一起显得更有底气，但我们内心清楚，一个人的生活才能带来更多的安全感，因为没有得到他人的眷顾，自然不必去面对失去的可能。正所谓，没有拥有，何谈失去?

尽管有时也会期待有人陪伴，或期待一场浪漫的邂逅，但因为此前大脑里跟恋爱建立的都是消极的联结，所以会条件反射般地想到恋爱的各种糟糕可能，对爱情憧憬的梦幻泡泡瞬间破灭。

有人说单身需要勇气，在我看来，恋爱才更需要勇气。能打开自己的内心，让另一个人驻扎进来，并在这个过程中面对困难，承担责任，分享人生，愿意接受被伤害的可能，甚至不问结果，这种勇气难能可贵。

毋庸置疑的是，这勇气背后一定涌动着对爱的渴望，而在单身状态里，或许我们渐渐模糊了自己对爱的需求，乃至误以为自己并不需要爱情。谁又能保证口口声声说不需要爱情的人，内心对恋爱的期盼没有蠢蠢欲动呢？

尽管此刻依旧单身，但我还是相信生命里有爱才完整。别太过贪婪地单身成瘾，找到自己成瘾的原因所在，享受单身却不沉浸；也别逃避单身的现实，接受真实人生的缺憾，亦不失去希望，毕竟单身只是一种必经的阶段罢了，不如享受此时此刻。

更为重要的是，单身不会白白单身，你会在这段时间找到一个答案，它关乎你自己。电影《单身指南》里的主角爱丽丝说："我想知道当我不是你女朋友的时候，我是谁。"或许，当我们在不跟其他人发生亲密联结的时候，更容易发现自己是谁，我们又有什么样的需要。

最后，把这部电影里的一段话送给大家：

> 单身的重点是，你最好珍惜这段时光。因为，一周后，或者在孤独一生后，你或许只会得到一个时刻，那一个你没有和任何人有任何感情交集的时刻，比如你的家长、你的宠物、你的兄弟姐妹、你的朋友，那个你独身自立的瞬间。然后，这才是真正的单身。

男人的沉默是爱情的毒药

　　路遇一对情侣在街边吵架，姑娘一直苦口婆心地摆事实讲道理，小伙子全程低头沉默，姑娘实在受不了了，甩下一句"你不说话我走了"之后便扬长而去。

　　这一幕忽然觉得好熟悉，像昨天今天同时在放映……

　　这样的场面我真的见过好多次，如果时光倒转个十年八载，这就是曾经的我和某人。其实，即便是十年后的现在，我也不能保证这样的事情不会再发生在我身上，因为这几乎是情侣之间的常态：发生冲突的时候，更愿意讲话的是女人，而男人往往保持沉默。

　　那一刻，男人仿佛患了暂时性失语症，无论你使出什么伎俩，他都咬紧牙关默不作声，让他说话仿佛可以取他性命……

男人为什么会选择沉默？女人又怎么看待男人的沉默？

我找了几个朋友来回答这个问题，看看他们是怎么说的。

>>> A，男（"90后鲜肉"一枚）

问：跟女朋友相处的时候，什么情况下会沉默？为什么沉默？

答：平时是话痨，吵架的时候才沉默，我知道会出口伤人，沉默是为了防止吵得更凶。但心里还是会很不爽，懒得吵，吵架没有意义，反正吵了也改不了，在一起无非是互相忍让。

问：如果你沉默，你希望对方如何？

答：哄我呀。

>>> B，男（喜欢撒娇女人的直男）

问：跟女朋友相处的时候，什么时候会沉默？

答：对方不讲道理的时候。

问：说话才有可能让对方讲道理吧？

答：根本没戏，不讲道理还有什么好说的呢。

问：如果你沉默，对方一般会怎样？

答：继续说，然后我忍不了了就吵架，之后就是互相伤害……

（此处省略心酸史一万字），我觉得这事没法处理。

>>> C，男（长得像"60后"的"80后"）

问：跟女朋友相处的时候，什么情况下会沉默？为什么沉默？

答：知道解释之后对方不会理解，可能还会引起吵架的时候。

问：你那么怕吵架吗？

答：主要是解释也没用。

>>> D，男（一位矫情的音乐爱好者）

问：跟女朋友相处的时候，什么情况下会沉默？为什么沉默？

答：觉得无能为力的时候，说下去也解决不了什么。

问：那最后怎么结束争吵呢？

答：来一发（我不懂）。

>>> E，男（出生于20世纪70年代的文艺中年）

问：跟女朋友相处的时候，什么情况下会沉默？为什么沉默？

答：吵架的时候懒得说话，觉得浪费时间，不想沟通。

问：那你沉默的时候，对方会怎样？

答：有的比较激烈，有的同样沉默。

问：那最后怎么解决吵架？

答：我一般出门去……

以上是男性对于沉默这件事的态度。我又问了几位女性朋友，看看她们怎么看待男方的沉默。

>>> F，女（"白骨精"一枚）

问：你跟老公吵架或者闹得不愉快的时候，他会沉默吗？

答：会，必然的。

问：你觉得他为什么会沉默？

答：他是觉得不想和我起冲突，但事实上我更希望他能和我沟通。他越沉默我越生气，再就是他的性格会让他觉得逃避问题比面对问题容易。

问：那最后一般你们怎么解决？他会打破沉默吗？

答：我也会沉默，他发现我生闷气就会来哄我。

>>> G，女（"白瘦美"）

问：你跟老公吵架或者闹得不愉快的时候，他会沉默吗？为什么会沉默?

答：吵架的时候他绝对沉默，他说不想吵架，认为沉默是解决问题的办法，其实就是逃避。

问：那你会怎么办?

答：必须让他开口，我认为有问题就要解决，他越沉默我越生气。

问：那最后你们怎么和好?

答：他随便哄一下就过去了，但问题并没有解决。

>>> H，女（不蒸馒头争口气）

问：你跟老公吵架或者闹得不愉快的时候，他会沉默吗？为什么会沉默?

答：会，他本身就不怎么会说话，他说不过我。他说，感觉我的火气上来了就不想说话，要不然容易吵架，因为在那种情况下很难沟通。

问：那你怎么看?

答：我会觉得，你为啥不说话？你是让着我吗？明明我有理，你不说话好像你很大度一样。

虽然样本量有限，但还真是跟我预想的差不多。男人和女人对吵架时沉默的态度和看法并不一样。

>>> 男人觉得沟通不了就不要再沟通，女人认为沟通不了还要继续沟通

你会发现，男人的沉默是在沟通未达到预期效果之后才会出现的，比如对女朋友解释了晚归的原因，但对方不相信，或是从自己的角度讲了道理，但对方不理解，这个时候男人就会使用"沉默术"，因为在他们看来，再沟通下去结果也是一样。但是，对女人来说，既然我们没有沟通好，既然你的说法我不认同，那我们更需要继续沟通下去啊，直到我们把误会解开，破涕为笑，抱头痛哭……

你看，在沟通出现分歧这件事上，还真是存在一点性别差异，男人会选择息事宁人，女人会选择一探究竟。

>>> 男人觉得沉默可以解决问题，女人认为沉默是在逃避问题

这里谈到的解决问题和逃避问题，其实并不是指同一个问题。男人要解决的是冲突和争执的问题，所以他们会天真地以为沉默可以终止冲突，达到暂时的表面的和平，看似解决了问题。但女人真正想解决的问题是两个人的意见不合，或是引起争执的那件事，所以在她们看来男人的沉默是在逃避真正的问题，所以女人才会对男人的沉默穷追不舍。

这源于男人和女人对于沟通交流有着不同的目标，男人的目标是避免冲突，女人的目标是直面并解决一切冲突。

>>> 男人喜欢用沉默表达不满，女人用言语表达不满

从小调查的反馈可以发现，其实男人在沉默的时候往往也是带着情绪的，因为担心糟糕的情绪会导致爆发式的发泄，所以一面用沉默压抑，一面用沉默拒绝女性的沟通意愿，其实这也是一种情绪表达。但对女性来说，她们更习惯于把情绪用言语加工后传达出来，无论是高兴、伤心、难过还是愤怒，语言都是最佳的表达方式。

>>> 男人认为沉默只针对此时此刻，但女人对沉默往往想得太多

男性一般只想尽快结束现在的争执，他们不会仔细琢磨问题本身是什么，更不会主动联想到过去是否也会沉默应对，甚至现在的沉默到底是源于性格还是别有深意。但在女性看来，沉默的背后可能包含丰富的信息，"他是不是不爱我了""他是不是心虚""他不过是想让着我""沉默是他性格使然"，诸如此类的猜测，会让女性更加想打破男性的沉默，或者问个究竟："你为什么就是不说话？"

通过这些差异的对比，你可能会觉得男人和女人真的像是来自不

同星球的物种，他们为什么会对吵架有如此不同的反应呢？或者说，究其根本，为什么选择沉默的不是女人，而想沟通到底的不是男人？

虽然人与人之间有个体差异，但是依然有些共通的社会传统因素在起作用。

>>> 原始社会，劳动分工注定了男人是沉默的

男性负责外出狩猎打鱼，女性负责采摘，工种不同，所需要的个人素质也不同。狩猎时需要集中精神，而言语容易分散注意力，发出声响还会惊动猎物，从那时起，男性就习惯沉默。采摘这项工作却不一样，它需要沟通和交流，也常常需要和他人协同进行，照顾子女更需要通过语言作为信号。这种劳动分工沿袭出的先天倾向，在一定程度上影响着男女的不同反应。

>>> 社会对性别角色的期待和要求不同

如果给你以下一些词语，如隐忍、沉默、擅长表达、独自承受、情感丰富，让你分别用来形容男性和女性，大多数人可能会把隐忍、沉默、独自承受这样的特质赋予男性，而情感丰富和擅长表达更有可能会安置在女性身上。可以说，这是我们的文化中对性别角色的认知在潜移默化地影响着我们的期望。沉默这种特质更适合男人，它更有

可能被认为是一种优秀的、正向的、有威慑力的、深谋远虑的表现。所以，这种对男性的期待也影响着他们的行为表现。当他们无力、低潮、面对冲突的时候，沉默既是跟以往一致的反应，也可能是最保险和安全的做法。

>>> 在原生家庭中模仿和学习到的交流模式

中国的家庭中，我们更习惯于接受严父慈母的形象，在家中正襟危坐、板起面孔、沉默不语的大多是父亲，而会把情绪情感都表现出来、喜欢说话的大多是母亲。这是大多数家庭的画像，少有颠倒过来的会被认为是"反常"。

可想而知，当男孩长大，成为他父亲的样子，当女孩长大，成为她母亲的样子，一代又一代，我们都一样。

但沉默这件事不是只有爆发和灭亡两种结局，除了男女双方性别差异带来的不同需要互相理解之外，各自多走一步，就能打破沉默带来的尴尬和纷争。

如果你是男性，沉默的时候记得配合肢体动作。虽然没有用语言沟通，但不代表不能用其他方式表达，拉住对方的手、拥抱、身体距离上的靠近都是在告诉对方：你想缓和气氛，你在意她的感受，你依然会对她亲密……这比冷冰冰的彻底沉默奏效得多。有科学研究发现，93%的沟通是通过非语言的方式进行的，所以沉默的时候，你的肢体动作、面部表情依然可以用来传递信号。或许一个拥抱就可以融化你们之间的坚冰，让彼此放下对抗的态度，它可以是一场心平气和的沟通的开始，也可以成为一场剑拔弩张的争执的结束。

如果你是女性，让对方开口的习惯要从平时养成。不要期望男性会在面对冲突的时候立刻切换成你期望的模式，而是要在平常生活里一点一滴地渗透，这样他们才有可能在吵架时把平日里的习惯迁移到吵架场景中。感情和顺的时候，鼓励对方多表达、多聊天，还要尽量选择在彼此情绪都比较高涨的时候沟通，这个过程中产生的愉悦体验会强化男性的行为，让他们逐渐意识到，原来沟通和表达是可以带来积极结果的。

精神分析专家阿兰·埃希尔（Alain Héril）说，很多亲密关系之所以亮起红灯，就是因为男人不懂得向女人表达自己的情绪。你看，并不是所有的沉默都如金子般可贵，有时它也是杀手，杀感情于无形。所以，无论何时，一定记得保持适度的沟通、交流，这才是让关系保鲜的养分。

你不主动，我们之间怎能更进一步

有人问：为什么现在的男生都不追求女生了？

有人答：因为优质男生都被主动出击的女生克服重重困难追回家了。

想来倒是有几分道理，虽然未必见得主动出击高级到哪里去，但至少占尽先机，又显得颇有诚意，能打动金龟婿是情理之中的事。

你看，主动是一种优势，有天然的好处，但并不是每个人都能做到主动。如果你无奈于自己或者他人的被动表现，曾告诉自己"没办法，就是这种性格"，那么只能说你可以如此自我安慰，但这样的想法的确是对"被动"的误解。

虽然经常有人把"被动"和"内向"这两个词放在一起，似乎内向的人都被动，或者说被动的人都属于内倾型性格，但实际上，"被动"和"内向"并不是固定搭配，"内向"这种特质由基因决定，是性格的一部分，但"被动"是一种行为模式和处事风格，它与性格没什么关系。

性格难移，但行为易改。这句话放到生活中的指导意义可以用一个对比来说明：如果你的另一半不爱说话，相对于外出旅行更喜欢在家看书，表达感情的方式不外露，那么就不要指责或者抱怨，这是性格，难以改变，你用心挖掘"内向"的好就可以了。

如果他可以口若悬河，但前提是你先打开话匣子，他可以陪你去旅行。但前提是你提议你张罗，他会对你表达感情，但一定是在你大胆示爱和鼓励之后，那么你可以跟他聊聊，问他是否愿意尝试变得更为主动。

或者无关你周围的人，读这篇文章的你就是一个习惯被动模式的人。吃过被动的苦，为此痛苦过，却不知道怎么做到主动。那么，在改变之前，先要想清楚，你陷入被动的原因是什么。

>>> 习惯了接受他人选择

从长计议，被动型的人都有一个养成过程。这个过程中，他人与自身的互动极有可能塑造了一个人的行为模式。

　　他们很可能从小就只会接受别人替代选择的结果，买什么样的玩具，穿什么样的衣服，上哪所学校，甚至学什么专业……在诸多选择中，他们没有主动权，甚至没有发言权，被灌输的东西大于主动获取的。时间久了，习惯了等待，也适应了被选择的人生，让他们主动去做点什么，还真是不知从何入手呢。

　　我有一位闺密曾跟我抱怨过男友总是很被动，周末约会都要等她先开口，男友倒也乐得去，也会在过程中做不少事情，但只要让他主动安排他就犯愁。后来了解得更深入，发现男友的"随和"特性，其实是被动的表象，因为习惯了被选择，所以对什么样的结果都能接受，显得很"随和"而已。

>>> 需求强烈程度

　　还有一种导致被动模式的因素，那就是一个人的需求满足水平。强烈的需求更有可能激发个体去主动探求，而中等或较低的需求水平往往很难驱动个体发起某个行为。

　　简而言之，他没有主动约你，没有主动去找工作，你们没有频繁联络……很有可能是因为他并没有那么想见你，你没有足够需要那份工作，彼此没有想念到要随时产生联结，或者说以上件事、这个人还不是足够重要，没有足够的吸引力推动对方立即采取行动。

　　相对而言，主动型的人内心会对外界有更强烈的渴望，他们活得更为生机勃勃，也更懂得满足自己的需求。

当然，需求不强烈有可能是因为被压抑的需求变得模糊，个体无法强烈地感知到。长期生活在被动接受的环境中，人是会变得不了解自己真实需要的。如果没有意识去分辨什么是真正的需求，也会变得更倾向于被动接受。

>>> 自我图式

前面提到的两种因素相对比较浅显，最深层次的可能是被动模式跟一个人的自我图式有关。

自我图式就是一个人对自我的概括性认识。有些人的自我图式偏负性，而有些人的自我图式是正性的。

那些自我图式偏负性的人可能会认定自己是一个不受欢迎的、不讨喜的角色，所以才会在与他人的互动中退缩和被动；自我图式偏负性的人还会认定自己是一个无能、没用、笨拙的人，所以在面对事情和机遇的时候，往往会变得保守，更倾向于不作为。

他们不相信自己可以获得别人的好感，所以不会主动去"讨嫌"，他们也不认同自己可以把握成功的命脉，所以不会主动争取更多的可能性。

这是因为，在他们看来，"主动"往往跟"失败"更为接近，"主动"意味着更为快速直接地否定自己。

其实，并不是自我图式偏负性的人才会被动，那些过于乐观和自信的人也会采取被动的姿态。只是他们用被动来显示自己的"尊贵"身段，用被动来表明自己高人一等，不屑于主动跟外界产生联结。

无论是出于什么样的原因让个体陷入被动之中，都要清楚一点：被动会给他带来好处，所以他才会沿袭这样的行为模式。

有些人想获得，所以更倾向于主动探究，但被动型的人更怕失去，所以他们的一切行为更倾向于保护自己。在他们看来，这种被动既不引人注意，也不会被误认为是带有敌意的进攻，它更温吞、更保守、更稳妥，这让被动的人感到安全。

虽然被动并不是严重的性格缺陷，但因为它的反应方式常常是滞后的、缓慢的，甚至是需要外力去推动的，常常给人一种消极之感。也正如你体会过的那样，主动一点更有可能争取到资源、时间优势，至少获取了别人的注意力，给人积极上进的感觉。

如果想改变被动的处事风格，最重要的是减轻不安全感，让自己在主动的过程和结果中获得价值感。

从小事做起，培养主动选择的习惯。切勿不切实际地期盼被动型的人可以来个一百八十度大转弯瞬间积极主动。养成被动接受的习惯需要多久，扭转过来就需要更长的时间。可以尝试从主动联系朋友、主动提出工作建议这样微小的事情开始，让这种新的行为倾向有步调地渐渐取代旧的模式。

口头鼓励和肯定是一定需要的，只有不断强化个体的价值，塑造正向的自我图式，才会让一个人产生积极的信念，相信自己可以在主动争取机会中获益，相信自己是能够被人接纳的。

分享一段我的经历。

曾经，我也是个极其被动的人，只是在我还来不及彻底改变的时候，生活就给了我不少暴击。我还清楚地记得某人曾半开玩笑地问我"你主动一下会死吗"，在当时的我看来，主动一下可能真的比死还难受。

但在承受了不少被动带来的损失之后，我发现，比面对自己无能、不被人喜欢更艰难的是面对机会的错失，因为很多机会都不会再来。

所以，不主动一点，怎么会有更多的可能呢？

共同修补冲突，才能获得真爱真情

有一天朋友问我在干吗，我说在清理加湿器的水垢，用着有点噪声，清理之后应该会好点。她说，那多麻烦啊，你这加湿器用多久了？多少钱买的？我说快两年了，79元包邮。她说，别费劲了，直接换新的吧，没几个钱，清理水垢不值当。

我肯定舍不得扔掉旧的买新的，这不是钱的问题，而是这件东西依然有价值，即便是有问题，也在能力解决范围之内，稍微处理一下就可以继续使用，真的没必要换新的。

朋友嘲笑我"会过""守旧"，不过是一件消耗品，不好用就换掉，多简单。这个道理我懂，也不是不能做到，但每个人处理问题的方式不一样，有人喜欢一切东西都是簇新的，有一点瑕疵就不能接受，但我更愿意接受生活和时间的磨损，在一样东西还有价值和意义的时候愿意花时间去修复、去改变，而不是说丢掉就丢掉。

对待关系和感情也是如此。

任何关系和感情都会出现问题，这几乎是人们默认的真理。但有人只能看到罅隙，选择随手丢弃，有人依然惦念着它的好，愿意花费心思去改善和修复，直到感情散发出圆润的光泽。

我身边就有这样不同的两种朋友。

有人倾向于择一人终老，朋友不多但个个都一起经历过友情的考验，也不是没遇上过争端与不合，但他们肯花时间和耐心去培育、去修护，因为他们相信既然能成为朋友和恋人，除了缘分使然，必定有彼此欣赏和认同的地方，值得为此去跨越障碍。所以，时间沉淀下来的不是关系的数量，而是关系的质量，这是"更新"感情替代不了的高浓度情感。

还有人不停换恋爱对象，相处时间都不长，分手原因都是一些在我看来无伤大雅的小问题，有时候是因为争执时对方说了一句重话，有时候是因为两个人对某件事看法不一样，还有一次是因为对方换了个新工作经常出差不能常见面。

我从最开始的惊讶到现在视为平常，是因为我已经知道，这位朋友会一直这样折腾，很难跟人建立深刻的联结，因为她只能接受感情里如她所愿的那部分，只要出现一点龃龉，她的习惯就是解除关系，因为在她看来，修复和改善的成本太高了，远不如换新的省事。

　　我们习惯了"省事"，对待关系也坚持这样的原则，总觉得满世界都是男人和女人，换一个不是什么难事，说不定就像网上购物，今天下单，明天就包邮送到你手里。新的东西一开始都是好的，要不然怎会有人感慨"人生若只如初见"，那时相看两不厌，怎么见怎么欢喜。但扛不住时间的挑战，总有些更深层次的真实会暴露出来，这让很多人难以忍受，因为他们对感情最初的设定就是永远新鲜、永远如愿，他们不愿面对的真相是，任何感情和关系都面临阴晴圆缺，而这一点永远无法通过新旧交替来改变。

　　日本作家松浦弥太郎在《今天也要用心过生活》这本书里说："我倾向于把坏了的东西继续使用，甚至觉得东西坏掉的那一刻才是关系真正开始的时候，不要急于马上丢弃、添购新品，而是下决心修好它。与人交往也是一样，经过冲撞、摩擦、破裂产生嫌隙，然后慢慢修复它，这才是深层次关系的真正开始。"

　　对这段话，我深以为然。出现问题往往是感情和关系的一个新突破口，是把关系升级、丰富化的契机。

　　问题往往是在你们剥开了社交礼仪遮罩的礼貌和疏远，深刻地触及彼此的情境下才会暴露，它意味着你们不再客套性地交流，不再是把对方放在无足轻重可以忽略的位置上，它揭示你们的关系已经达到一个可以交换更丰富的信息的阶段，那可能更接近于真实自我的层面，直接影响着关系的紧密程度。

　　面对问题，可以借此机会建立共同应对问题的模式，用两个人的合力抵御困难和争执；可以更立体全面地认识对方，而一切亲密感情都建立在对彼此深刻了解的基础之上；经历过冲突和风波的感情，它的耐受力和持久力有了更明确的保障，不再是未经考验的、松散的、一时的冲动。

没有出现分歧和矛盾的关系永远只能停留在表面的客气和肤浅上，难以沉入深刻的心底；而拒绝处理分歧、解决矛盾的人，根本上并未打算建立真正亲密的联结，也并不想让他人触碰内心。

他们常常用条条框框来衡量他人，一旦发现不符合标准和要求，就随时甩手。表面上看，避免了冲突和感情的耗损。但实际上，他们并不打算为关系投入更多，也并不打算去改变自己。他们要的不过是现成的、仿佛为他量身定制的一个朋友或者恋人，不用劳神费心的"天作之合"。

或许这样的方式才能让他们感到安全，没有冲突也没有真正的亲近，跟任何人都保持着一定距离，相处方式永远以判断对方是否完全符合自己的预期为基准，他们没有跟任何人互相伤害，但同样，他们不会跟任何人真正相爱。

我们常常感慨人心不古、世界变化太快，昨天还好端端的朋友、说着甜言蜜语的恋人，今天就一言不合闹分手，关系说出问题就出问题。但这些都不足以致命，因为没有哪段关系可以侥幸逃过矛盾和分歧，真正可怕的是不愿面对真实的人生，也不愿意呵护一段关系，而是出现问题后轻易地分手换人，并且不为此感到抱歉。

纵使你再深情，也敌不过这样轻描淡写的无情。而有时，这些无情的人恰恰就是我们自己。

你们并不是真正亲密

有一位来访者找我咨询，她原本是做销售工作的，业绩很好，去年因为怀孕，老公希望她换一个相对轻松的工作养胎。她虽然很舍不得原来的工作，但还是调动到了其他部门。生完孩子，有家里老人帮忙照顾，她想调回销售岗，因为那才是她擅长并喜欢的工作。她担心老公不同意，准备瞒着老公，就说单位强制调岗，不得不继续做销售。

我问她为什么一定要隐瞒，她说老公婚前就不喜欢她做销售，现在有了孩子更不会接受。她说，夫妻之间也不是什么事情都要和盘托出吧，这不就是婚姻的相处之道吗？

我不认同这是夫妻之间的相处之道。的确，即便是最亲密的夫妻，也不是事无巨细事事都分享，但她连自己真正的职业兴趣、个人发展这些跟亲朋好友都能坦言的事情也不得不对老公隐瞒，这已经不是一个简单的说还是不说的问题。

我看了她的朋友圈，上个月他们举家出游，发了不少两人相偎相依的合照，表现出大多数人以为的夫妻该有的亲密。可是，亲密的表象之下，她却不敢把最真实的决定告诉他，他们只是看起来很亲密罢了。

遇到这样问题的绝不只是来找我咨询的这位，很多情侣、夫妻之间都会发生这样的情况。生活在同一个屋檐下，同床共枕，一起度过了很多时光，你们是别人眼里相亲相爱的一对。但其实你心里清楚，你们早已不复往日般亲昵，有很多话不能说或是不再说，有很多心情不能表露或是不再表露，有很多事情不能做或是不再做。你们的双人床中间像隔着一片汹涌的海，但你们视而不见。

这种关系看似亲密，也应该真正亲密，但由于一些原因陷入了假性亲密关系的境地。

回忆一下你的生活中是否也有这样的场景——下班回家后各忙各的，即便有交流也只是说说要交燃气费了、该买米了、同学要结婚了该给多少份子钱……所有的话题看似都跟你们有关，却只是有关而已。那些你最关注的事情都被生生吞进了肚子里，你也不知道为什么，但你知道有些话不适合跟他说，后来渐渐地不想说，最后习惯了不说。你可能会把这些话告诉好朋友，有时候甚至告诉不太相熟的人。比如今天听同事说公司可能要裁员，你有些担心，但是看他在兴致勃勃地打游戏，你选择了发微信告诉闺密；比如他想在"十一"假期自驾游，但是看到你正忙着看淘宝，于是他想还不如约哥们一起去。

这听起来像父母那一代人"老夫老妻"的状态，也像很多人说的"爱情最终都会变成亲情"，但这些说法不过是用来遮掩假性亲密关系的事实而已。

良好的感情和婚姻关系，绝不是以亲情为最终归宿。如果能打破假性亲密关系的壁垒，无论两个人在一起相处多久，都能保持真正的亲密感。

>>> 你需要的关系和你想要的关系并不是一回事

我问起过很多人为什么谈恋爱、结婚，答案大多如下：因为我们相爱，因为我们在一起很开心，因为到了年龄该结婚了，因为父母催促，所以觉得想要一段稳定的、可持续的关系，把那个在一起的理由延续下去。

但两个人交往时间长了，你却发现，虽然得到了一个伴侣、一段关系，但并没有满足你的需求。有人需要陪伴，有人需要精神共鸣，有人需要激情浪漫，有人需要举案齐眉，当初你以为一段关系一定会带来相应的产物，你错了。

就好比你觉得你需要事业有成、位高权重，因为这样才让你觉得自己很优秀、很有价值，所以你想要的东西是事业，真正需要的其实是价值感和成就感；你想要一间房子，因为这样你才不会颠沛流离随时搬家，你才安心，所以你想要的是房子，真正需要的是安全感。

你看，想要的东西其实是可以外化和表征化的，它是可见的事物或行动，但需要很难用肉眼看到，它更多是一种内在的体验和感受。想要的东西未必都能满足你的需求，需求也未必只能由你想要的东西来满足。

所以，假性亲密关系的出现可能是由于你并不了解自己真正的需求，而错把"想要"当成了"需要"，不明确自己的需求，便无法考量对方是否能真正满足你的需求，更无从去要求对方满足，或者也没有一个明确努力的方向，不知道该怎样改善你们之间的相处方式。长此以往，发现对方跟你以为的不一样，这段感情满足不了你的需求，于是你退缩了，宁愿维持表面的亲密。

我的第一本书的书名叫《对于自己，你还是个陌生人》，表达的也是这个意思，不认识自己，不知道自己的需求，就很可能稀里糊涂地恋爱、结婚，然后不明就里地陷入假性亲密关系中。

换位思考，不仅要明确自己的需求，也要搞清楚对方的需求，多交流、多碰撞，出现问题和矛盾不可怕，可怕的是你们根本不知道出现问题和矛盾的原因是什么。

>>> 你在恋爱和婚姻中停止了自我成长

当然，并不是每个人都不明确自己的需求，有些人是清楚自己要什么的，恋爱和婚前对自己、伴侣和两人的关系都进行了审慎的琢磨，知道两人很合适、可以互相满足之后才会严肃地在一起。

这是一个好的开始，坏在过程中你忽略了一件事：你的考量只适合当初的你们，而随着阅历的丰富，每个人都在变化，互相满足或者彼此合适依然要以彼此都在相当的速度上成长为基础。

你们最初在一起的时候可能还是两个刚踏入社会的年轻人，都对未来迷茫，那个时候你们的契合度很高，这是因为你们处在差不多的发展阶段上，沟通交流的话题可能是如何搞定领导、如何升职加薪。但是，随着你们渐渐成熟，如果其中一方已经顺利地解决了初入社会的矛盾和问题，进入更高一级的难关，而另一个还停留在原地，那么你们会发现难以沟通，甚至鸡同鸭讲。

我有个老同学，他的女朋友是前同事。两个人刚在一起的时候，女朋友总是跟他探讨与领导处不好关系的问题。他当时也初入社会，两个人一起商量对策和解决办法。后来，他换了一家公司并升职，女朋友还留在原公司，就这样过了四五年。他说："我女朋友还留在那儿，领导也没换，她现在每天回家跟我念叨的事跟以前一模一样，没有丝毫变化。我该说的都说了，现在就只能嗯嗯啊啊应付她而已，她脑子里也没有别的事。"

他们的关系也存在着假性亲密的可能，原因是我同学的女朋友这四五年里的成长速度没有跟上他，虽然年龄增长，但是心智和见识不见长进。当然，这并非要求每对伴侣都一起登上事业巅峰，但至少不要因为自身的问题阻滞两个人的亲密关系。

所以，偶尔停下来思考一下，你们在一起之后，你和对方是在不断进步还是在原地踏步。成熟的过程中如果有一些事情一直影响着你的个人成长，那么先解决自己的问题，这反而是促进关系的捷径。

>>> 你（们）觉得顺其自然就好

如果你们在自我成长方面都做得很好，也保持了相当的速度，但还是出现了假性亲密关系的问题，那很有可能是因为你们忽视了关系本身也需要成长。

老话说，先成家再立业，这句话默认了一种状态：情感和家庭生活是成就事业的基石，没有后顾之忧的、稳定的恋爱和婚姻的确可以让我们有更充沛的时间和精力去发展自我。但是，这句话没有揭露的事实是，"成家"这件事不是完成时，而是现在进行时，良好的关系需要维护、关注和塑造，而不是一劳永逸。

所以，在恋爱和婚姻关系里，奉行顺其自然的原则，就相当于把辛勤栽培的花苗扔在外面野蛮生长，不是所有花苗都耐得住风吹日晒，一直精心浇灌，它才能开花结果。

仅仅注重个人成长是不够的，还要保持及时的沟通和交流。这种沟通不是互相告知和汇报，而是能就一件彼此关心的事情深入探讨，在这个过程中增进对彼此的了解，而不是想当然地用自以为是的方式去揣度对方；这种沟通是商量和建议，而不是相互指责或以说服对方为目的的，开放式的、不做预设的沟通才会给关系以更多的成长空间。

还要学会处理问题和矛盾的方法，好的关系不是没有问题和矛盾，而是不逃避冲突，有一套自己的解决模式。如果遇到问题不处理，只是一味搁置，会使双方越来越疏离。回避矛盾只是表象，真正逃避的是面对真实的彼此以及真实的关系。

也要尽量营造可以培养亲密感的氛围。大家常说的仪式感是重要的，节假日、纪念日制造惊喜和浪漫是一个好的选择，切忌形式大于意义。真正的亲密感跟这些形式没有必然的联系，它是靠日常小事和细节维护一点点建立起来的，不要指望纪念日的一束玫瑰就能融化平日里所有的冷漠。如果你们愿意随时坐下来一起聊聊天，给彼此一个拥抱，说上几句贴心话，这些举动比仪式和形式更能提升关系的质量。

所有造成假性亲密关系的原因里，有一点是最难改变的——两个人早就意识到亲密并不真实，是脆弱和经不起考验的，但是因为双方的自我防御太强，谁都不愿意戳破这层薄膜，因为那可能意味着表面和平的破裂、双方弱点的曝光、直面感情关系的缺陷，并且意味着双方要为此付诸努力去撼动虚假的亲密，这需要时间、耐力，甚至要承担关系瓦解的风险。

一直活在这样虚假的、无法真正触及彼此的生活中，的确少了纷争，但也失去了真正幸福和亲密的机会，感情的滋味不应该是这样的。分解关系中的咸和苦，是为了我们能整合更多甜蜜，它值得。

别总是习惯性地遗漏眼下手里已经拥有的，却把目光投注在远方那些尚未得到的；别总是觉得偶尔几次忽视和怠慢无足轻重，还执拗地相信还有一辈子的时间来弥补，其实爱人耐不住冷落，亲密耗不过沉默。

既然真情在，何必假亲密。

小心亲密关系里的"人质"

　　我曾看到一个帖子分享一年最难熬和最满意的时刻。有个男孩的留言成功引起了我的注意,他这一年最难熬的时刻是分手,最满意的时刻也是分手,他自己的帖子里讲了这段恋爱经历,跌宕起伏,堪比"狗血"剧。

　　两个人小矛盾不断,每次吵架之后,女方都是一副痛不欲生的状态,要么不去上班,要么周末在家连饭都不吃、卧床不起。男方不能眼睁睁看着她这样颓废下去,所以每次只能赶紧道歉赔礼,草草和好。到了后来,连有不同意见都不敢跟女朋友表达出来。

　　他很愧疚,觉得问题出在自己身上,尝试过好好沟通,但未果,女方坚持要被善待，而所谓的善待不过是无条件服从，否则她就变成一摊烂泥。

男孩忍受不了，这样小心翼翼像是伺候老佛爷的日子真的不好过，只能痛哭流涕跪求分手。女方说：分手可以，但我也不想活了，你看着办。

男孩傻眼了，请佛爷容易送佛爷难。

帖子追到这里，"真爱党"出现了。有网友问：你爱她吗？男孩的回答跟我想的一样，他说：爱不爱我不知道了，但我知道我真的怕她。

爱变成了恐惧，一定是哪里出了问题。

在爱情里担惊受怕的似乎总是地位更弱的那一方，被冷暴力，被身体伤害，被胁迫，那个"施暴者"把对方变成了亲密关系里的"人质"，一旦你不按照我的要求做，一旦你想挣脱关系，你就会被撕票。

这是显而易见的"强弱"对比，或者是"绑架"与"人质"的关系。

但还有一种关系里也隐藏着不易察觉的挟持与迫害，只不过真正"强"的那一方是以弱者面目出现，他们不会捆绑对方，只是拿自己当人质。他们不是用"恶"施压唤起对方的恐惧，而是用激起对方的"善"让人害怕。

这种看似无害的人，伤害性却最大。他们不勒索钱财，也不要你身败名裂，他们是以"自残式"的迫害自己让你屈服。

他们可恨，也可怜。这样的做法未必有意为之，很有可能，他们囿于自己的某些情结，心甘情愿成为"人质"。

往往追求共生亲密关系的人身上最容易出现这样的极端行为。从本质上来说，恋爱和婚姻都有共生的特质存在，但如果追求互利共生，即让双方都在关系中获益，那么这段共生关系是相对健康的。但有一种共生叫作"偏害共生"，其中一方没有明显获益，但另一方要做出牺牲。

帖子里的这一对就是典型的"偏害共生"，女方并没有在这段关系里获取更多好处，但是男方只有不断付出不断牺牲自己才能继续维持关系，否则这种共生就会被打破。

他们不但追求这种病态的关系模式，而且内心深处还有很深的"童话情结"。

小时候我们都读过童话故事，那些看似很美好很梦幻的故事在一些人心中生了根，他们对爱情的想法还停留在童话世界里：爱是至高无上的，随时可以为它付出一切代价甚至是生命。他们证明爱或者挽留对方的方式也充满了童话色彩，既美好又悲惨。

美人鱼为了找到心爱的男子，甘愿用自己的声音换取双腿；为了穿上王子的水晶鞋，灰姑娘的姐姐们不惜削足适履；白雪公主被吻醒之前差点被毒苹果杀害。

看起来，为了得到爱情的青睐，献上生命并不算什么。"人质"们用自己做赌注就是童话故事的复刻版，他们想要证明：美好的爱情是值得用生命交换和守护的。

他们守护的不是爱情，而是自己习惯了的共生关系，太过依赖，反而让他们看轻了自己，也看轻了生命。这个自编自导的悲惨爱情童话故事，总是需要一个男主角来反衬她的忠贞和刚烈。换个人来出演，并不会有什么不同。

所以，不要以为那个不吼你、不威胁你，脾气也不暴烈的人一定是关系里的"弱者"，他们的强悍在于连命都能豁出去。

爱这样的人，谁不会怕呢？

把自己当作亲密关系中"人质"的那一方，要么是极度缺乏关注和爱的，要么是被溺爱成性的，这两种极端的类型都会贪婪地在感情生活里"吸血"以滋养自己。他们会为了一段关系要死要活，甚至有可能在冲动之下献出生命。

他们真的需要"死"上一回，把那个依附于他人生存的自我杀掉，把黏着在关系中的过度依赖杀掉，把这种又软弱又强悍的相处模式杀掉。

杀掉这些的关键在于，要明白只能在爱中获取爱，而不是要在爱中获取自我价值和生活的意义。赋予爱太多意义，势必会把它抽空榨干，直到那点爱一滴都不剩。

追求偏害共生关系又沉溺于童话情结中的人，很难有真正的自我，他们在一切中寻找自我，把自我寄放于他人身上，所以本质上，他们不是用生命来交换爱情，只是交换一个"宿主"而已。

如果你只在别人给予关注和爱的时候才能感觉自己有价值，如果你觉得缺乏陪伴和照顾的生活毫无乐趣，如果你从未感到自给自足的快乐，那就请先找到自己，而不是放任自己成为一段关系中的"人质"，害人伤己。

帖子读到一半，我最想知道的还是男主角如何化解危机，成功分手。他走过弯路，心软过，差点妥协过，也曾找女朋友的闺密来劝说，甚至无措时跪地求饶，求她不要伤害自己，这一切均未奏效。

真正起作用的是理智，是成年人的方式。他告诉女友，分手是一个成熟的决定，如果你真的想要为此放弃生命，那么能为这个结果负责的只有你自己，受影响的是爱你的家人和朋友。我不希望你这样做，但是你的人生，只有你自己有权决定如何处置。

他终于认识到自己越是求饶越是心软，越是适得其反，因为那不过是配合女方继续停留在童话里演一出人间闹剧。只有把她的问题从自己身上卸下来交还给她，才能让她清醒。童话只是童话，现实就是现实，没人能为她的梦幻和冲动埋单。

好的感情里不存在"绑架"，也不存在绝对的"强和弱"，更不会动不动就要死要活让你随意牺牲或是拿什么交换。如果恰恰相反，你感觉被压制、被胁迫、被捆绑，是时候审视这段关系了，不要被"人质"反勒索，让彼此学会先对自己负责。

大多数人想要的爱，不过是被爱

好朋友跟我抱怨，觉得女朋友并不真的关心他。明明加班到很晚回家，只想清静一会儿，却还要听她唠叨今天在公司的不愉快，而翻来覆去的那些抱怨他已经听得耳朵都快起茧子了。

我问，如果她唠叨了这么多次，你都没有坐下来跟她好好聊一聊找到解决问题的办法，你真的关心过她吗？

而他想要的关心，不过是被关心罢了。

我也时常听到女性朋友跟我唉声叹气地说，最近感觉男朋友不爱自己了，原因是不再像原来那样无条件容忍自己的脾气了，或者遇到事也不再只听自己的了。我反问，如果这样就是衡量爱的标准，那你是不是容忍过他的脾气？是不是所有事都顺着他？

她们大多沉默不语，有的会继续叹气说，可我就是想要无条件的爱啊。

其实，她们想要的爱，不过是被爱而已。

大多数人都是如此，口口声声说需要关心、理解、爱情，但其实内心深处真正需要的只是被关心、被理解和被爱，因为这才是他们对于需求的定义和认知。

所以，从爱和被爱的角度来说，我不觉得我的好朋友算得上是个好男人，而我的女性朋友可能遇到了好男人却不自知。

尽管很多人愿意放低要求只想找个好人嫁了，但其实她们根本不知道什么样的男人才算是好男人，更没想清楚，其实找到可以称为好男人的结婚对象，才是最高的标准。

爱应该是相互的，关心和理解亦然。

我们说没有爱情没有关心没有理解的时候，其实自己也没有做到主动给予，像嗷嗷待哺的孩子等待母亲喂奶，却忘记自己也能哺育他人。即便对方真的爱着你，却还要强调不够、不对，因为没有达到我们想要的方式和状态。

你是否问过自己，你有没有能力爱别人？你渴望被爱着的那个人，你爱他吗？

一开始的出发点就是扭曲的，我们太关注别人如何对待自己，却没反思自己是不是已经做到。

因为我们最在乎的是别人是否爱我们，所以相应的，我们最关注的问题是我们值得不值得被爱。

为了更容易被人爱上，我们会使出浑身解数。男人追逐金钱和权力，女人为了漂亮和优雅不惜一切代价，还有一些不论男女都会采用的方式，尽可能让自己看上去善解人意、有趣、体面、上进。这本来是一个人为了追求更美好的生活、更完善的自己而付出的努力，到头来却往往成为要别人爱自己的门槛和条件。

心理学家弗洛姆说，事实上，我们这个社会大多数人所理解的"值得被人爱"，无非是赢得人心和对异性有吸引力这两种倾向的混合物而已。

当男人足够多金又有社会地位，当女人足够美貌又温柔娴静，他们便会觉得自己更值得被爱也应该被爱，同时这些外化的条件也成为自以为是的爱的能力。

但这真的不够，爱情首先应该是主动发起的，而不是被动得到的，它不能用外表和金钱去衡量，它纯粹取决于我们是不是正确地给予爱。

我常听到别人说，我爱他，我为他放弃了更好的工作、生活，我甚至失去了尊严。这种付出看似伟大，实则并不是真正的爱，它的本质是牺牲和放弃。因为她在给予的时候，处于一种消极的状态，她会委屈、不情愿，会有一种被剥夺感，潜意识里认为因为她给予爱而失去了更多。看似说的是"给"了多少，实际上是在表明自己"损失"了多少。

这种失衡的背后是不快和不满，所以他们非常渴望回报，这种所谓的"爱"是一种被动的交换，是自以为是的美德和高尚。

真正的爱的给予，应该是快乐的、心甘情愿的、创造性的。在爱的过程中，健康和平衡的体验应该是感受到一种自我的力量，这种力量让自己感到"富足"和"活力"，是生机勃勃和充满希望的。

从不做饭的我愿意为你洗手做羹汤，我在这个过程中有了价值感，看到你吃得开心我很满足。能为我爱的人做一件事激发了我的能量，让我去学习不会做的事并成就了自己，这是积极的"给予"；而如果一边笨手笨脚地洗菜切菜，一边觉得委屈和不值得，心里念叨着"要不是为了你，我现在完全可以在外潇洒饕餮，我都这么做了，你可得对我更好一点"，这是消极的"牺牲"。

前一阵子，我收到过一条读者留言。一个姑娘说因为男友要驻外工作一年，她很不情愿但还是接受了，但现在她很不开心。她说："我成全他得到更好的工作机会，我已经做出了让步，但他好像根本没有感受到。我希望他能更懂我，能更爱护我，但是现在他对我好像越来越反感。"

她承认男友并没有不关心她或冷落她，只是在她提到为了他的工作而让自己承受异地的痛苦时，男友安慰几次后总是沉默或者岔开话题。

男友其实也有处理得不好的地方，但这姑娘确实陷入了前面提到的爱的误区。

她的"爱"本质上并不是一种快乐的给予，而是悲苦的牺牲。因为在她看来，她需要的是毫不费力就能获得的爱情，在爱情中得到的陪伴、照顾和被关注的体验都是理所应当的，而一旦失去了一部分，就有一种被剥夺感，这种感觉让她觉得自己用牺牲、用失去来成全对方。

这种"被牺牲"的认知被传递给男友之后，他一定会感受到巨大的压力，因为反复强调的失去和牺牲，是一种对他的无形勒索，好像必须回报以更大的爱才是公平的。

说到底，这种爱的给予是没有生命力的，因为它没有起到积极的作用，它本可以获取的是对方的理解、感激和爱，但因为以另一种消极的心态和语言来表达，爱变成了一种破坏性的情感，让人喘不过气，又倍感无奈。

同样做出了让步和付出，如果你能换一个角度思考，或许它能转化成动力，让你们的爱情焕发光彩。男友驻外一年，一定是在双方都认同这是事业发展的好机会的基础上达成的共识，如果能坦然接受这件事，意味着你愿意跟他共同承担生活中的变故，你有能力处理好意外，你们的关系是有生命力且可以持续发展的。

这样积极态度的"给予"更有可能激起对方的感谢和动力，你的给予会在对方身上映照出更有生命力的东西。你想要积极地对待，首先要传递出积极的能量。当对方感受到这种更正面的爱的给予，自然也会处于一种良性的循环中，促使他回馈。

所以，当你爱别人的时候你感受到了快乐，才更有可能在被爱的时候感到满足，因为爱情之于你已经不是完全的满足自己的需求，而是在给予和得到之间让爱情流动。也只有让"爱"不断地循环和成长，才有可能激发出新鲜的生命感和力量感。

　　只强调被爱的感觉，是单向的死路一条；而把给予爱理解为"牺牲"和"失去"，只会唤起对方的厌恶和压力。因为没有哪个人会喜欢长期处于一种"亏欠"的愧疚状态中，它不会促使我们投入更多，只会让人想要挣脱和逃离。

朋友不能变恋人？可能是你的方法不对

　　林心如和霍建华十年好友，最终走进了婚姻殿堂。有人感叹：十年前他们为什么没在一起啊？

　　真的不是所有的好友都能成为情人，这中间有多少曲折，不足为外人道也。

　　但凡坦荡荡地把一个人定义为朋友，且已经沿袭了朋友的交往模式一段时间，再发展出恋情的可能性就会越来越小。

　　我听过一些故事，两个人不咸不淡地培养出友情，但有一个人渐渐萌生出爱意，苦于朋友的身份不敢表达，怕连朋友都做不成了，于是只能藏着忍着煎熬着，以朋友之名陪伴对方。也不知道对方什么时候恋爱。这样的话，就基本宣告了双方之间是不可能的，只能一个人悄悄忘掉对方。

你恨自己没早表白，你恨你没在最初就明白自己的心迹，最后只能陷入"不说憋屈，说了矫情"的尴尬境地。

两人从朋友转变成恋人，并非不可能。的确有这样的个案存在，忽如一夜春风来，两个人的关系暧昧了起来，最后竟终成眷属。可这阵风是怎么刮的呢？朋友到底怎样才能发展成恋人？

前提是你要先清楚眼下的状况，朋友跟恋人的相处模式是不同的。

>>> 首先，需求不同

朋友之间，信义为基础，需要共鸣，需要互惠互利，彼此的付出追求平衡和稳固。心理层面，我们希望跟朋友在一起轻松愉悦，对对方认同和欣赏，同样渴望被对方认同。我们不需要朋友时时刻刻参与我们的生活，大多数人也不会要求成为彼此的唯一，友情的排他性和联结的紧密性都是相对较弱的。

恋人之间相处，虽然有一部分跟朋友之间相像，同样需要精神交流，彼此付出，渴望在一起获得愉悦，但爱情的建立一定是以有欲望和更为强烈的亲密感为基础的。朋友是那个你希望跟他彻夜畅谈，或是可以在外"high"（痛快地玩）到天亮的人，而伴侣是你希望无论多晚都能跟你一起回家共枕的人。并且，在爱情中，你们对彼此的联结要求更为紧密，你可以接受朋友几天甚至几个月不联系，但对恋人而言，这几乎是不可能的。所以，需求程度和接触频率不一样，恋人之间更容易产生矛盾，两个人在一起并不总是轻松愉悦的，还伴有嫉妒、猜疑、争执等负面的情绪出现。最为重要的是，爱情是具有排他性和唯一性的，你可以朋友遍天下，但恋人在某时某刻只能有一个。

>>> 其次，朋友身份和恋人身份看重的特质不同

体贴、幽默、诚信、善解人意之类的特质很容易让人成为一个有吸引力的朋友，因为跟这样的人在一起会感觉可靠又安全。但作为恋人仅有这些是不够的，陷入爱情里的人会追求浪漫、激情，所以能激发神秘感、好奇感的特质更为重要。然而，这些特质因为带有浓重的个人魅力色彩，所以很难一概而论，就像有人喜欢"高冷"，有人喜欢"作"，有人喜欢傻气，有人喜欢执拗，这些放在朋友身上或许并不是会博得好感的特质，但放在恋人身上却是可以增加情趣和吸引力的。

基于这样的不同，即便不能说朋友和恋人之间隔着千山万水，但要跨越这段距离，也不是一蹴而就的。到底你们之间有没有机会，不妨先试探一下。

试探的方式是你一定要做一些改变。

这些改变不是要持续地在语言和行动上向对方表达爱意，而是从细微之处着手。

着装、交流的话题都是可以先改变的部分。

异性朋友之间相处久了，性别角色可能会趋于模糊，这很不利于爱情的产生。如果平时的着装以追求舒适为主，是很难引起对方注意的，尝试一些可以突出性别特征的服装，让对方眼前一亮，触动对方的性别角色意识，这是个不错的开始。

交流的话题可以从粗犷收回到细腻，更多聚焦在情感和情绪层面，这样会更有利于彼此打开心扉。谈论近况是安全的选择，但从近况中找到对方可以深度倾诉的话题点，适当的时候给予关注和情绪回应，会让你们之间的关系有更深度的联结，固有的相处模式松动，就会产生新的可能，而这是从朋友走向恋人的必经之路。

除此之外，两个人可以尝试做一些不一样的事。先有土壤，才有可能培育出爱情的花朵。我问受这个问题困扰的男性朋友，他跟喜欢的女孩平时见面都做什么。他说跟其他朋友没什么区别，深夜喊她"撸串"喝酒，周末跑步。当然，这些活动虽然有趣，却很难让人有"约会"的感觉，更是跟浪漫温馨扯不上关系。容易营造气氛的活动有很多，看爱情电影，找个环境好的餐厅，哪怕泡咖啡馆都比去嘈杂的烧烤摊更容易产生暧昧情愫。

当然，即便是你已经开始试探，但如果不增加见面的频率和时间，刚刚建立的联结也很容易被打破。适度多发出见面的邀请，不但能增加接触的机会，让感情迅速升温，同时你的这些改变也是一种暗示，如果对方有意，离恋人的关系就更近了一步。

还可以尝试改变说话的语气和方式，打破原有的交流习惯。当你先调整成把对方当成"恋人"的状态，该说什么、该用什么语气表达就是自然而然的事了。细腻地多表达支持、体贴、理解，要好过大而化之的"没事的""都会过去的"，"心疼""担心"要比"哈哈哈哈"更能触动对方。

从朋友到恋人是需要过渡的，改变就是过渡的尝试，虽然慢了一些，总好过你不了解情况就冒进，所以有两件事尽量不要做。

>>> 一是不要直接表白

在不明就里的情况下表白，会给对方造成心理压力和防御心态，很可能他还没准备好去思考这个问题，之前也毫无预兆，反而会下意识地把你推开，逃避继续接触。这也是很多人说的"可能连朋友都做不成"。给对方一些暗示和按照之前所说的去做些改变，是给对方留余地，也是给自己留余地，这是一种礼貌和尊重。

>>> 二是不要表现得太过炽热

从朋友到恋人，做到润物细无声是绝妙的，做到让对方察觉，在心中泛起波澜的是高手，做到狂轰滥炸则适得其反。太有压迫感的追逐会引起怀疑和反感，对方心中会产生亏欠感。所以，要注意密度和强度，毕竟你要的不是一时的烟花绚烂，而是一辈子的细水长流。

　　我以前看过一部青春剧《我可能不会爱你》，男主角李大仁和女主角程又青从朋友发展成恋人，一共花了15年时间。我不知道有多少人舍得15年，又有多少李大仁最终能等到程又青。但谁的青春都是限量版，有些人错过就不在。如果真的喜欢上好朋友，迈出那一步，或许会望见一片新天地。

Chapter 02
我们终将告别
那些挥之不去的痛苦

我们对未来的自己感到陌生，难免有不真实感存在，甚至寄希望于虚幻的未来，总是以为未来我们一定会更有时间、更有钱、更成熟，却忘记了，没有此时此刻的努力和克制，那个更美好的自己永远只是一种虚影。

怎样才是真正的性格好

曾经在知乎上看到一个被如火如荼讨论的话题："为什么现在的男生都不愿意追女孩了？"有个人的答案里说："我又不要'白富美'，性格好一些，长得一般也行，长得美些，家境穷一些也没问题，我图你一样总可以吧。"

原谅我对这个话题并不感兴趣，但"性格好一些"这个描述成功地引起了我的注意。这句话非常耳熟，很多人聊起择偶要求的时候都说过"性格好"，每次听到这里我都会黯然神伤，觉得自己早已被人排除在外。现在岁数大了，我选择坚强地把这个问题了解透彻，为此我"骚扰"了我的一票朋友。

>>> A，30岁，女，公务员

问：你觉得什么是性格好？

答：性格好就是有自己鲜明的个性，但又不会让人感觉到攻击性和太激烈的情绪起伏，而且这样的人会把自己的生活经营得很圆满，让人挑不出硬伤。

补答：你问这个就显示出你性格不好。

我：我要是性格好，直接照我这样写，哼！

答：这才是你。

（听上去，性格好辐射范围很广，不仅是有能力被他人接纳和喜欢，还要擅长管理好自己的人生。我不知道为什么我"中枪"了。）

>>> B，24岁，男，公关公司职员

问：你觉得什么是性格好？

答：脾气好，有内涵。

追问：什么是脾气好？

补充回答：就是不要总发脾气。

又追问：什么是有内涵？

又补答：不要整天只会聊口红、韩星、爱情，除了美、吃、爱，还要关心点别的。

（看起来"直男"最怕应付的女性是动不动就生气的，爱买口红的，"老公"无数的，看见吃的走不动道儿的，会拿"爱她就要为她做这些事"做文章教育人的，除此之外，都是性格好。）

>>> C，35岁，男，CXO

问：你觉得什么是性格好？

答：就是知足常乐。

补问：那什么是知足常乐？

答：你这样刨根问底，你就是不知足啊！

我：……

（总结：不敢继续追问，只能自我理解，性格好在他看来就是心态积极，无论你过得好与坏，都不要太过计较，找到生活里的美，不要总是抱怨，不要索求无度。）

>>> D，29岁，男，知名媒体人

问：你觉得什么是性格好？

答：摒弃那种明显有问题的品质，譬如虚伪、自私之类的，其他的性格都可以，张扬挺好，内向也不错。我喜欢的性格就是性格好，我不喜欢的不代表不好。

补答：你这个采访很好啊，下次我也采访一下你，比如问你"为什么还单身"。

我：……

（总结：只要没有人品问题，我不在意性格，只在意这个性格我是否喜欢。）

>>> E，28岁，女，互联网新贵

问：你觉得什么是性格好?

答：心胸开阔，有气量，包容，有礼貌……总之，能忍受我这种性格不好的，就算性格好的。

（总结：说了好多词，其实核心只有一个——"包容"。）

>>> F，56岁，女，会计师

问：你觉得什么是性格好?

答：憨厚，实在，脾气别太冲，有话好好说，做事有商有量，思想不要太偏激，要对你好，懂得照顾你，有责任感……

我：妈，我只是问什么是性格好啊!

（总结：因为我妈经常说希望我找个性格好点的，于是我问她是怎么看待性格好的，她的回答有点偏题了，说到了对未来女婿的

要求……）

　　以上采访曾数度进行不下去，中间闲言碎语不表，大家都很困扰的是：虽然常常把"性格好"的要求挂在嘴边，可真落实到具体的释义上，都很难准确地表达自己到底怎么看待性格好这个问题，甚至还要扯上其他。有人还告诉我："性格好就是一种感觉啊，这个我也说不清。"

　　其实，采访之前对于"性格好"的描述，我也有些自己的看法，总结大家的回答，还是会发现一些共性。

>>> 并不存在性格好的人

　　"性格好"是个伪概念，没有确切定义，没有标准答案，一千个人可能会有一千种答案。看了以上回答就会发现，他们对于"性格好"的理解都不一样。那为什么大家还要不厌其烦地要求"性格好"呢？归根结底，"性格好"终究是需要"利我"的。即便99%的人认为某一种性格特质是好的，是受欢迎的，但我不喜欢，就不能称之为"性格好"。

　　所谓的"利我"指这种性格是对自己有益的、有好处的，是被我喜欢的，关键在于与我"匹配"。内向的人可能会讨厌张扬的人，幽默的人可能会讨厌语言表达能力一般的人，喜欢追求刺激的人可能更想找到一起放飞自我的同类。

所以说到底，并不存在绝对的性格好的人，这个概念的存在是相对而言的，与其说"性格好"，不如说"我喜欢这样的性格"。

>>> "脾气好"更有可能被认为是性格好的表现

虽然"性格好"是难以定义的，但是跟被我采访的朋友一样，大多数人对于性格好的理解都包含"脾气好"这个特点。

语言和行为没有攻击性，不轻易展现极端的情绪，也不会经常愤怒、嫉妒等，是脾气好的人的基本面貌。这样的人会被人喜欢并不难理解，因为以上特征意味着这个人是无害的，不会给人增添烦恼，当然是相处起来最轻松的。可能你无须付出时间精力等成本去应对，他们就会成为你的朋友和恋人。

现在，我最喜欢养的植物是绿萝，但是以前我喜欢养那些可以开花，并且花很漂亮的盆栽。这个变化是因为我确实没有能力把喜欢的盆栽养得很茂盛，它们要么在花季迟迟不肯开花，要么只要我稍有怠慢就会变得奄奄一息。只有绿萝最省心，只要给点阳光和水，它就能活得很好。

我觉得绿萝就是人群中那种脾气好的人，他们不会摆脸色给你看，也并不需要你时刻关注，甚至比我们活得还顽强。反之，那些娇贵的花儿就是所谓脾气不够好的人，稍有差池就需要去应付，费心费力，最后还不见得有结果。

当然，我并不认为脾气好坏是衡量一个人的标准，也并不觉得好脾气的人就高人一等。

>>> 需要别人"性格好"不过是给自己找借口

养花和交友有相似之处，谁都想不费力气，谁都希望对方能适应自己的节奏，谁都希望少付出多回报，我们图的是省事。所以，脾气好的人运气一定不会太差，他们容易被认可，容易结交朋友。

可事情的另一面是，没有人的性格是完全无缺陷的，只要你仔细观察，都会发现所谓的性格不好的一面。脾气这件事也是个变量，它并不恒定，不同场景不同心境，会展现出不同的一面。当一个你认为脾气好的人发了火，你是否还认为他性格好？

当人们一味要求别人性格好、脾气好，而不低头思量自己在性格方面有哪些短板的时候，就是想在人际关系方面享受特权和优待，这种要求背后的含义是"我找到性格好、好相处的人，是为自己省事，而完全不用考虑对方"。这跟有些人明明经济状况不好，却要求对方家底优厚一样，他们不考虑自己是否配得起，也不考虑自己有哪些方面可以改善，只想坐享其成。

前面采访的答案里，也提到了"包容"。不可否认的是，包容是一种美德，也是我喜欢的性格特点。但人们嘴里的"包容"往往是无条件的，哪怕是任性"作死"也要被包容，这要么是故意刁难，要么就是欺负人了。言外之意，我可以性格不好，但你不能，这跟霸王条款没什么区别。

待到有一天对方无法包容你，"性格不好"这种说辞说不定还会成为攻击他人的武器，"不是我作，是你性格不好，不包容"。

如此看来，无论是找对象还是交朋友，都不是搪塞一句"性格好"就够的，你得先了解自己是什么性格，明白什么样的人跟你匹配，既然自己有缺点，也别一刀切地蛮横要求对方性格脾气都要好。

最后，奉上我对性格好的理解：自己具备了、能做到了，再谈要求，再谈期待，再要求别人跟你一样"性格好"，这才是真的性格好。

你用什么对抗孤独和无聊

　　毕业后，我一个人住了五年多，不养宠物，不收留人类，并且很享受这样的状态，朋友说，"你是一名标准的空巢青年"。

　　以前，我只听过空巢老人，子女离家生活，老人守着空荡荡的家，即便不想不愿，也被动地构成了这一群体。但其实所谓"空巢"并不是中老年人的专属状态，那些离开父母或家乡去其他城市独居的年轻人也渐渐成为"空巢"的组成部分，他们就是"空巢青年"。

　　他们大多是对生活有更高要求的，有一些生活癖好的，有独特的习惯的，不出门不洗头的，在家有些邋遢的，喜欢安静的。他们也会有一份算得上体面的工作，支撑得了相对高一些的生活开销。他们能适应独处，但并非没有朋友，动物、植物、物品甚至是一首歌、一部电影都能成为他们的朋友。

他们或许看上去跟格子间里的其他年轻人没什么不同，但是回到家，他们真实的一面才会真正浮出水面，或许这是因为独处时才最真实，他们喜欢真实的自己。

即便不标签化跟我一样的年轻人，我们也不是异军突起，独居早就是一种趋势。目前，我国的独居青年（20～39岁）已达两千万人。

你，是这两千万分之一吗？

很幸运，我遇到了一些跟我一样的空巢青年，关于独居的体验，每个人都有很多故事想说。

嗯，就先从我讲起吧。

>>> A，女，30岁，双鱼座

多年的学生时代终结后，我终于有了自己的独立空间，即便是跟几位校友合租，起码关起门来也有了一方自己的领地。起初，这种感觉真的太好了，在房间里看电影的时候可以开音响，在沙发上或床上想用什么姿势躺就用什么姿势躺，再也不会因为室友打电话而睡不着觉。但很快，我发现合租生活也充满了尴尬，比如隔壁男室友会只穿短裤在客厅晃，比如我的速冻水饺莫名其妙不见了，过几天室友敲门说不好意思我吃错了，还你一袋儿，我一看是韭菜馅的，可是我不吃韭菜啊……

　　于是在一年合约到期后，我迅速开始了真正的、无室友的独居生活。一晃五年多过去，我最深刻的感觉是自由又充满精彩，充分享受跟自己相处的时光，反倒不太习惯身边多出一个人，或许这是因为我比大多数人更能适应孤独吧。

>>> B，男，26岁，互联网运营

　　女朋友跟我分手后，我就被动"空巢"了，感觉时间变多了，屋子里变安静了。起初我还经常跑出去跟朋友聚会，但是渐渐更喜欢一个人待在家里，因为独处的时候更适合思考，能想通很多事情，也发现了很多适合一个人做的事，反而更有乐趣。我开始玩乐高，看书，研究营养餐。去年养了一只狗，我叫自己大狗，叫它二狗，我们就像兄弟，我每天晚上都会带着它一起跑步，生活很充实，很享受这样的生活状态。

　　但我不是自闭，也不是"死宅"，偶尔也会参加聚会，跟朋友玩户外。这是两种不一样的状态，我说不出哪种更好，独居和社交教会我的事情不一样。独居让我更坚强，社交让我更柔软。

>>> C，男，28岁，咨询行业，巨蟹座

因为经常出差工作，在北京的时间很少。但正是因为时间少，才更渴望家的感觉。只可惜我这种"单身狗"没办法在家里变出来一个田螺姑娘，所以我会在家装上下功夫，租住了一套我很喜欢的房子，布置成我喜欢的样子。我亲自挑了一些简单的家具，每次出差都会从各地带回一些装饰品。现在非常期待出差后返京的生活，充分享受一个人的空间。偶尔也会觉得孤独寂寞，但我能自我排解，可以一个人在家大声唱K，还可以喝酒，喝到断片也没关系，倒头就睡就行了。

我很庆幸选择了独居的状态，让我有了一个专属于自己的堡垒。每次回到北京，在我的城堡里，我就是国王。

>>> D，女，23岁，自由撰稿人

不独居对不起我的职业吧，也只有独居才能支撑我无规律的生活。晚归不用担心影响室友睡觉，睡到下午起床也不用感到抱歉；灵感来了，可以熬夜通宵写作，不会有人来打扰；可以用投影仪看电影，大声哭大声笑。

我不觉得自己是"空巢青年"，我有满屋子的书、碟片、衣服和鞋，我觉得它们也是有灵魂的，还有我养的花，它们都是这个家的一分子，因为有它们，我很少觉得闷。实在不想写稿的时候就打扫卫

生，或者整理东西，把家换个样子，心情也会不同。我觉得独居更能突显自己的精神独立，说明自己是个不会轻易依赖他人的大人。

虽然有时候也会贪恋外面的人间烟火气，但是真正的心灵宁静是我独居时最大的收获。

采访了包括我在内的四位"空巢青年"，我发现其实独居的状态无论是始于主动还是始于被动，到最后都发展成自给自足的状态，大部分时间里我们享受着一个人的生活，即使有很多困难和不足，依然乐此不疲，全情投入一个人的生活中，除了惯性的原因之外，还因为这才是更适合自己的状态。

如果你也想尝试独居，有几个问题需要先考量清楚。

>>> 独居其实是一种能力

独居这种状态是一种奖赏，因为有很大的自由度，想做什么就做什么，不用考虑他人。但这不意味着谁都可以一个人生活，它同时也是一种约束，意味着你要完全承担自己的生活，别指望没电的时候还有室友一起熬过黑暗、充电卡，也别指望任何家用电器坏的时候有人能帮你处理。当然，生病的时候最难熬，你要随时做好准备半夜一个人去医院。

这些弊端不常出现，但是如果你没有处理好日常生活的能力，它们就会变成巨大的困扰，影响你的生活质量。一个人生活的这五年，我学会了修锁、通马桶、装电灯、检修浴霸，知道每种洗衣液最适合洗什么，掌握了简单快速的做饭技能，做到了未雨绸缪提前充电卡、燃气卡，交供暖费。出门前养成了一套自然流畅的检查习惯，从关掉电源、电灯到带好钱包、钥匙，锁好门以及再次确认，是这些好习惯支撑着我，独居生活极少遭遇不必要的麻烦。

这些都是基础，如何把一个人的生活在井井有条的基础上提升质量，还要具备一定的审美能力，安置好软装家居，营造舒适的氛围；还要具备强大的行动力，打扫房间和整理物品都要有规律地付诸实践，否则就会无时无刻地生活在脏乱差的环境里。

所以，真正的"空巢青年"要担负起的生活是很沉重的，为了追求一个人的自由和独立，就要先撑起一个人的"家"。

>>> 你用什么对抗孤独和无聊

这是一个进阶问题，处理好日常生活，打理好"狗窝"，好好吃顿"狗粮"，都不代表过上更高品质的生活，精神上如何获得充实才是真正的难题。

大多数人认为一个人的生活更容易无聊，毕竟我们的祖先过着群居生活，说不定我们的身体里也存在着更适合群居的基因。而独居更像是反传统的一种生活方式，它意味着我们要跟与生俱来的渴望群体生活的那部分自我对抗，如果失败可能就会陷入孤独和无聊。

如果一个人生活，你要对自己有充分的了解。你什么时候容易感到孤独？孤独的时候做什么会让自己感觉好一些？有什么能让你一个人在家也感觉有趣？你需要在家里形成一套完整而独立的生态系统，这套系统不仅能满足你吃喝拉撒的需求，还要包含精神食粮的供给。

比如养只狗，比如通过布置房间自娱自乐，或者收拾东西、看电影，无论什么方式，都是在独居生态之内获得满足，方式是向内探索，而不是急于走出门去从外部获取。

不能战胜孤独和无聊的人，一般都不太适合独处，因为一个人能在精神层面自给自足，说到底不是他找到了多么有趣的事情，而是他能从自己身上找到乐趣。

>>> 如何预防独居可能引起的心理问题

这个问题绝不仅存在于独居的状态下，在任何生活状态之下，我们都可能遇到这种糟糕的问题，谁说同居就不会被心理问题困扰呢？毕竟意见不合、生活习惯不搭等都容易产生矛盾和冲突，独居虽然侥幸避免了这些可能，却也滋生了新的隐患。

你可能会越来越"宅"，回避社交，自我约束力下降，更敏感，对他人的容忍程度降低……这些由独居引起的问题不容小觑。独居虽是一种常态，但也要适度独处，社交、外出跟独居交替切换，各占一定的配比，如此才能互相滋养。

也不要以为网络上的社交能替代真实场景下的社交，以上采访的每一个"空巢青年"能做到对独居生活应对自如，是因为他们在家里的生态系统之外有一定的真实的社交系统。

除此以外，随性的、漫无目的的独居生活虽然惬意，但要一定的规划才不至于陷入无法自制的境地。下班后的漫长夜晚，周末的空闲时光，都要有合理的安排，有张有弛才不会陷入空虚。因为一个人的生活，目标同样是充实有序，而不是毫无章法、混乱。

关于"空巢"，关于独居，我最欣赏上文中D的态度，即便是一个人住，也并不是真正的"空巢"，房间里填充的一切都陪伴我们，都是我们生活的一种延伸。真正可怕的是即便身处汹涌的人潮中，却依然觉得身旁冷清、内心空荡，那才是真正的"空巢"。我更相信"巢"不仅代表着一处住所，它还是我们的内心，是我们区别于他人的独特的精神家园。

敏感是生命赐予我们的礼物

有些特质经常被误读成缺点，比如敏感。

觉得男朋友最近好像不关心你，你直说，对方告诉你，是因为你敏感；跟朋友聊天，觉得她不开心，你委婉表达，对方会说，你不要这么敏感。

好像敏感是一种缺陷，是一个错误，这是对敏感的误解。

其实，敏感跟任何一种特质一样，都得用两分法去看待，并不存在完全的好，也没有绝对的差，关键在于你怎么发挥天赋，扬长避短，让它变成一种优势。

当然，你得先了解自己是不是个敏感的人。

一般来说，敏感的人有以下四个特点，这四个特点既是优势，也埋藏忧患。

>>> 感知丰富vs孤独来袭

敏感的人更容易捕捉到细节，这些细节可能并不是环境中突出的特征，会被很多人忽略，但敏感的人不需要特别留意就能感知并记住。

他们的观察能力敏锐，比如乔布斯，他曾花一个月的时间在上千种黄色里去挑选一个他最满意的颜色，尽管这上千种颜色对很多人来说毫无差别。

但这种丰富的感知背后怀有更深刻的孤独，看到了别人没看到的，察觉了别人没察觉的，这往往意味着别人无法体会你，不能与你共感。

>>> 善于觉察情绪vs被情绪困扰

敏感的人不单是对事物有更强的觉察力，他们也很擅长体察他人的情绪状态，他们可能会从一个微笑、一个眼神中洞悉别人的心情，同时他们自己会比常人感受到更强烈的情绪起伏。

情绪汹涌而你没能及时消化，就会陷入情绪之中无法自拔。情绪本身也是对个体的强烈刺激，这意味着敏感的人可能比一般人有更多的信息要处理加工。

>>> 共情能力强vs易受他人影响

正是因为对他人的情绪状态敏感，他们才更容易做到感同身受、善解人意。这对他人来说是一种贴心的特质，但是对敏感的人来说可能成为困扰。

把感知的触角越多地伸向外界，就越少对自己的关注，他们无论是思考还是行动，都会把别人的情绪状态当作比自己的更重要的参考标准。

>>> 考虑事情更全面vs完美主义

感知到的细节多，自然会把这些细节纳入认知框架中，所以敏感的人会把事情和人物关系考虑得更为全面，在行动之前反复思量，小心谨慎。

人们常说无知者无畏，的确如此，考虑的内容越多，就越容易阻滞自己的行动，想保持完美，想把每一个细节都做到位。

其实，敏感这种特质并不是稀罕之物，每个人身上都有，只是在不同的场合和情境下有不同的表现。但是，依然有少部分人属于高敏感人群（美国的研究结果是占比15%～20%），他们易感性高，且表现在生活中的方方面面。

这小部分群体到底遭遇了什么才变成高敏感的人呢？

● 有些人是天生敏感，气质类型说指出，抑郁质的人更为敏感且观察细致，这相当于老天在你出生时就赏给了你这碗饭；

● 还有一部分高敏感的人是源于幼年的成长经历，生活在缺乏温暖的环境甚至冷漠的家庭中，他们从小就习得察言观色，不去激怒自己的父母，用敏感来保护自己；

● 还有一种可能的原因是出于自卑，缺乏自信的人更有可能多观察环境和他人，以避免出错引起他人不满。

不论是什么原因造成的高敏感，最终都会导向一个疑问：怎样才能不再这么敏感？这种提问反映了敏感的人的另一个重要特点：他们感受到的信息中，负面的内容更能引起他们的注意。

所以，高敏感人群会急于摆脱敏感的特质，在他们看来解决问题的方式是不再敏感，甚至变得麻木和无所谓。

我却觉得，敏感是一个礼物，让我们脱离粗鄙和麻木。它给予敏感的人更丰富的感知，让我们在有限的时间内去体验无限，看到生命和世界的更多细节。

作为一个高敏感的人，我觉得保留敏感的属性是一种幸运。从经验来说，不要去对抗高敏感，而是应该放大优势，减少隐患，学会怀有敏感的触觉，在这个世界上找到适合自己的生存方式。

>>> 用积极对冲消极

敏感的人的确更容易关注消极面，看到花朵盛放，下一秒就会担心它凋谢；开始一段恋爱，会从蛛丝马迹里探寻恋情告终的可能；到了一个新的工作环境中，会对那些不友好的信息格外警觉。

这是一种自我保护机制，但时间长了会扭曲你的认知。

你关注的消极内容并非全部事实，而只是部分或者其中一种可能，所以你需要不断强化积极的信息，这样做至少会让你的认知达成平衡。

我曾做过这样的自我训练，每当我受到环境中消极信息影响的时候，我都会立刻去补充对应的积极的信息，比如到了新环境中发现有人对我不友好，我会有意识地告诉自己，同样有热情接纳我的人，而不是让消极的信息占据我的脑海。

这种自我训练就是要让自己更全面地处理和加工信息，不让自己走向偏颇。

要知道，你感受到更多的负面信息，并不是敏感特质的错，敏感在放大你的视野，真正窄化你的是你对信息的选择和认知。所以，在认知加工之前，用积极面应对冲消极面，才不会放任自己一步步走向彻底消极的局面。

>>> 不怕想太多，就怕想不透

敏感的人约等于多虑的人，因为接收了太多信息，所以大脑常常不受控制地去考虑很多事情，这也是敏感的人很无奈的地方。我常听人抱怨：我也不愿意想太多，可是我控制不住啊！

因为觉得想太多不是一件好事，所以迫不及待想要压制它，让它变得可控。但事情往往适得其反，你越压抑越想要控制，反而会更疯狂地想太多。其实，你完全可以让自己想太多，但前提是你要想透彻。

大多数人想太多是杂乱无章的一团乱麻，拎起来一个思考点，毫无逻辑地蔓延。当意识到所思考的事情非常复杂的时候，会选择收回思绪，下一次继续。

你来来回回想很多，就会越来越凌乱，你需要的是严谨地去梳理，把来龙去脉梳理清楚，你的分析和判断是什么，可能的结果是什么。如果觉得很难想清楚，就写出来。当你想的东西跃然纸上，你能更清晰地看到自己到底在想什么，以及下一步该怎么做。

时间长了，你会养成想透彻的习惯，它往往花更少的时间，却产生更有效的结论。

>>> 操控情绪

以上两点可以让你调整认知，也有改善情绪的作用，但针对情绪本身，高敏感的人必须明白一点：你可以操控情绪，而不是让情绪操控你。

高敏感群体的情绪很像掷骰子，结果是随机的，可能上一秒遇到高兴的事就开心，下一秒遇到难过的事立刻就切换到低落模式，这是常态。但你要知道，掷骰子的人是你自己，如果低落，如果被不适应的情绪左右，你要做的就是主动去掷骰子，扭转到一个可以让你情绪上扬的点数。

这可以叫转移注意力，也可以说是高敏感人的独特优势，情绪变化快，那就可以利用这个优势让自己快速调整情绪状态。

>>> 远离容易让你敏感的环境

几年前，我也有过不怕死的勇敢，总想着要克服自己的弱点，对于那些会引起不适的情境和人，也会选择迎难而上。

可以说，直面不足是能解决部分问题的，但并非全部。现在我承认并非所有事情都能改变，如果真的改变不了，那么不如选择规避。

远离让自己不开心的人、不高兴的事总是没错的，这不是懦弱，而是在认清自己不擅长的事情后对自己的保护。

总不至于明明知道自己体质弱，却非要淋雨，非让自己去流感爆发的地方接受洗礼吧？高敏感的人也是如此，如果自觉在这个特质上很难有所改变，那就尽可能让自己不暴露在易敏感的环境中。

　　从过往的经验中总结什么样的人、什么样的环境最容易让你敏感，最让你抓狂，然后适当回避。这是最直接也最有效的方式。

　　高敏感的人生活在这个世界上是很可贵的，因为他们会比很多人更容易感知到美好；他们也是可怜的，因为敏感总被看成是一个糟糕多事的特点。

　　无论别人怎么看待你，都要保留这份敏感，而不是变得麻木和毫不在乎，毕竟能洞悉这花花世界，随时捕捉瞬息万变的人生，才不算白白活一回。

你可能得了"空心病"

　　第一次听到"空心病"这个词，是在徐凯文老师的一场心理学公益论坛上。

　　这让我想到了英国诗人T·S·艾略特的诗作《空心人》："生命如此漫长，在渴望和痉挛之间，在潜能和存在之间……这就是世界结束的方式，并非轰然落幕，而是郁郁而终。"

　　这首诗描绘的是现代人无聊、空虚与焦虑并存的生活状态，只不过它写于1925年。时隔近一个世纪后，无意义与焦虑的状态依然没有改变，"空心人"患"空心病"，没有心的人失去了灵魂。

　　心里空荡荡的人，不但感受不到旁人，也感知不到自己，不知道自己是谁，也不知道自己想成为什么样的人。在我的理解中，这跟成长过程中的迷茫和困惑并不一样。前者是弥散性的、形而上的，更接近于对生命意义的感知，而后者往往是聚焦的、指向具体事件的、阶段性的情绪状态。

说起"空心病"的具体判断方法，徐凯文老师列出了七点：

1.从症状上来讲，它可能是符合抑郁症诊断的。它会表现为情绪低落，兴趣减退，快感缺乏。但和典型抑郁症不同的是，所有这些症状表现并不非常严重和突出，所以外表上看起来可能跟其他大多数人并没有差别。

2.他们会有强烈的孤独感和无意义感。这种孤独感来自好像跟这个世界和周围的人并没有真正的联系，所有的联系都变得非常虚幻；更重要的是他们不知道为什么要活着，他们也不知道活着的价值和意义是什么。即便他们得到了想得到的东西，内心还是空荡荡的，这样就有了强烈的无意义感。

3.通常人际关系是良好的。他们非常在意别人对自己的看法，需要维系在他人眼里良好的自我形象。但似乎所有这一切都是为了别人而做的，因此做得非常辛苦，也疲惫不堪。

4.对生物治疗不敏感，甚至无效。

5.有强烈的自杀意念。这种自杀意念并不是因为现实中的困难、痛苦和挫折，用他们的话来讲就是"我不是那么想要去死，但是我不知道我为什么还要活着"。

6.通常这些来访者出现这样的问题不是一天两天了。可能从初中、高中甚至更早就开始有这样的迷茫，可能他们之前已经有过尝试自杀的行为。

7.最后，传统心理治疗疗效不佳。他们的问题大概不是通过改变负性认知就可以解决的，甚至不是去研究他们原生家庭的问题、早期创伤可以解决的。

你会发现，"空心病"跟其他常见的心理问题最大的不同是，它并不由挫折、创伤等负性问题引发，出现空心状态的人在别人眼里也活得不错，他们甚至是取得了好成绩的学生、工作表现良好的同事、有钱有闲的成功人士。

引发"空心病"的外在原因是一个人对自我的焦虑、对生活意义的迷茫。他们能够获得世俗意义上的成就，但是这并不能让他们发自内心地产生成就感和满足感，他们甚至觉得自己拥有的一切不过尔尔，并不是自己真正想要的。

他们究竟想要什么呢？他们或许会回答是有意义的人生。那什么才是有意义的人生呢？如果说得清楚，他们恐怕就不会陷入内心的空虚之中。

你是否曾问过自己为什么活着？活着的意义究竟是什么？

我知道"空心病"这个概念后，跟椒叔交流过人为什么而活。当时我的回答挺肤浅，我说想到还有很多地方没去看过，很多好酒没喝过，很多人没看过我的文章，那么我活着就是为了去做这些事情。

椒叔的答案是，他还没找到为什么而活，但是就想活着，觉得活着这件事本身就很有趣。

从严格意义来讲，我想做的那三件事加起来都无法上升到"人生意义"的高度，我也并不是每时每刻都围绕着这三件事而活；而椒叔也暂时没有提供一个关于人生意义的答案。但我们都自我感觉良好，至少并没有到空心的程度。

我想，跟我们一样说不清道不明自己为什么活着的人有很多，但并不意味着每个人都会得"空心病"。真正杀死一个人的不是找不到活着的意义，而是要么放弃寻找有意义的生活，要么将自己囚禁于"意义"这件事里，却忘了切身感受生活之中、"意义"之外的一点一滴。

我们这一代人，的确容易变得空心。正如徐凯文老师所说，空心病的罪魁祸首是教育。从小到大在应试教育的压力下，每个人身上都背着一串数字的魔咒，这串数字就是分数，我们被强加了这种衡量自我的标准，便渐渐习惯了把追求分数高、工作业绩好、别人的要求当作人生意义，生活目标单纯而直接，就是为了这些，其他的一切都是无谓的消遣，很难在其中找到快乐的体验。

等到回过神来才发现，分数、业绩、别人的要求并不是自己想要的，但是在这个过程中浪费了真正去发现生活滋味的机会，于是整个人变得迷茫，整颗心变得空洞。这是教育的失败，但并未体现在每个人身上，因为并非所有人都会盲从。

分数重要，工作表现也重要，但重要的程度因人而异。如果你没有把追求它们内化成生活意义，那么这样做可能仅仅是因为盲目和懦弱。你害怕在世俗标准的衡量下显得失败，或者你还没用心体会自己需要什么就盲从，所以会只为别人的要求和期待而活。

当你不再奋力去追求人生意义，反而更容易找到真正的人生意义。毕竟，人生意义这件事落实在每个人身上，便不再是一个哲学问题，而是一个更具体而微妙的问题，它或许很难用几句话来概括清楚，或许很难在短时间内发现，但它最可贵的地方就在于它可以不必用语言描述，而是用心去感受，也可以不必总结成纲领，它可以是散乱的碎片。

如果不是整日把眼光放在争取高分、高薪等数字上，你能看到城市美丽的风景，你能留心到身边有趣亲切的同事，你会发现平凡的小餐馆里也有美味，你会在得到帮助的时候真心实意说上一句"感谢"。

这些不是人生意义，但它们是快乐，是冲动，是激情，是你热爱生活的多姿多彩的原因。

如果你愿意去用心发掘，天上的星辰可以是人生意义，书中美妙的故事可以是人生意义，家中的饭菜香可以是人生意义，你心爱的姑娘拂动的发梢也可以是人生意义。就算它们无法聚沙成塔，不能构建出你的人生意义，至少它们给了你动力，让你心甘情愿继续去寻找活着的理由。

内心是否充盈，取决于你把多少人多少事放在心头。如果只看重那些世俗的要求和标准而别无其他，那么无论满足它还是失去它，都只会落得内心空洞的下场。所以，你要在别人的要求之外找到一些自己真正热爱的东西，要在僵化的数字目标之外搭配一点别样的追求和向往，这才是预防"空心病"的最佳方法。

他不爱你，你又何必自欺欺人

我有一位朋友，不，几乎我的所有朋友，都有一个共同点——美图秀秀的狂热爱好者，没有修过的照片坚决不发朋友圈。嗯，我当然不是要把自己撇干净，我跟他们一样，甭管是自拍还是景物，至少得加一层滤镜才能展示给别人看。

有人把这样的人叫作"照骗党"，可谁又不是"照骗党"呢？只不过有人下手太狠，图修得连亲妈都快不认识了。正常合理范围内美个白、瘦个脸、遮个痘印儿，不是故意欺骗，而是想给人留下岁月静好、我永远不老的美好印象，无伤大雅。

而真要把它定义为欺骗，我倒觉得它的终极目标并不是迷惑别人，而是麻痹自己。就算所有人都觉得你美、你生活得精致，也比不上你自己认同你最美、你生活得最幸福，毕竟自己的感受最重要。但实际上，你可能并不美，还穷，又没什么品位，你努力在社交网络上"凹"的各种造型没骗到任何人，只是自欺欺人，让自己以为活得风生水起、登峰造极。

骗别人难度系数太高，但骗自己可以信手拈来，且成本很低。每个面对粗糙生活无法勇敢起来的人，或许都擅长那么一两个自欺欺人的妙招。

有一个前同事，工作业绩不怎么样，但是常爱拿自己的学历说事。他毕业于北大，动辄就拿自己的母校举例，时不时还要配上当年考大学的心酸史，我们都当他是炫耀。但是，后来面试过他的HR同事告诉了我们真相，他是北大毕业，只不过是自考的。自考没有什么不好，但他对别人说是本科毕业，就是带着一种含糊其词的欺骗了。

可是说到底，骗不过别人，只不过让自己心里好过一点，虽然工作水平一般，但自己是有实力的，毕业于头等学府，这是荣耀，也是不用努力又无须自卑的借口。

我又想起以前短暂合租过的一个女室友，她的男朋友偶尔会来过夜或者周末一起外出。很久没来之后，她男友终于又出现了，两个人在房间里大吵一架，男人要分手，女人在挽留。

毕竟只是合租的关系，不熟也不想越界，我们偶尔在客厅里吃饭遇到，也只是寒暄几句，再无多言。可是那天之后，她会经常主动跟我搭讪，说起男朋友最近很忙要到国外出差，所以很久没来，但是男友对她很好，很爱她，每天都给她打电话，还经常寄礼物。我只能当作没听见过他们争吵，或许是当时的我耳拙。

尽管她又跟我说了几次类似的话，但是在我退租之前，四个月里我再也没有见过她的男朋友，也没有听见她讲电话，而她也越来越形容枯槁。我想，或许她再也没办法骗自己了吧，再也没办法安慰自己丝毫没有消息的那个人还跟自己有什么关系吧。而此前，那些说给我听的恋人絮语，除了能博回些面子，更多的是抚平自己的焦虑，给自己留一些希望罢了。

事实终究会告诉你，他不爱你就是不爱你。而你，唯一的幸运或许是用自欺欺人抚慰过自己一阵子。

所有人都自我欺骗过，无论是有意为之还是无心而为。这是因为，自我欺骗实在是一种太普遍的心理防御机制，是一种本能。当我们遭遇挫折，当我们经历不平，总是需要一些自我保护把自己跟外界的冲突和困难隔离开来，获得暂时安全的环境，哪怕这种环境是虚拟的，但它至少提供了一种缓冲，让我们感到暂时的舒适。

它的存在是合理的。怕只怕这种应激性的防御机制固化成一种生活方式，自欺欺人成了一种常态，人便很容易封闭自己，无法接纳自我，也很难真正成长。

每一种自欺欺人的背后都包含不能面对现实的部分，逃避真实太久了，每一个精心编织的谎言便组成了你的自我设定，限制着你的思考方式和行动模式。你会不断用自我欺骗的方式来巩固和圆之前的谎言，你把真实的自己和真实的世界彻底隔绝在外，你用封闭的内心把真实的情感和能量束缚起来。

比如，有人说不看重物质，其实有可能是逃避自己捉襟见肘的经济状况；有人说工作不重要，可能是在回避自己能力不足又不想努力奋斗；有人说有没有爱情无所谓，或许是不想面对自己根本没有异性吸引力这个现实。

那些你口口声声说不想要的东西，到底是真的不想要，还是担心自己要不起，答案只有你自己知道。

不想面对"要不起"，不想面对心里有鬼，就是无法面对真实的感受，拒绝接纳自我，所以用另一种伪装的认知来封闭自己的感受。当你的感受和认知不一致的时候，就是在自我欺骗、自我否定。

所以，长期的自欺欺人并无益处，它既损伤了你真实感知世界的能力，也让你丧失了真诚面对别人的机会，更何况，有什么东西骗得了你一辈子呢？

倒不如在被人揭穿你的谎言之前，勇敢地戳破自己的欺骗、伪装，在那个你不想面对的真实自我里就隐藏着一个让你变得更好的机会。

你假装坚强的样子，根本没人在乎

2016年，我去成都见朋友，挨个打了一圈儿照面，状态最不好的是小晴。她素面朝天，随意裹了一件羽绒服，穿着牛仔裤，头发系着马尾，一脸寡淡。

上次见她是一年半前，那时她眼线飞扬，踩着跟高8厘米的高跟鞋，穿一条剪裁很好的连衣裙，浑身上下发光。

对于她这样的变化，我多少有些尴尬，本来已经准备好的夸奖也说不出口，佯装这并没有什么，想遮掩自己表情的不得体。

我揣度着是先等她开口讲故事，还是我说几句话问问她怎么了，这一年半究竟发生了什么，使得她这样一个女王般的姑娘沦落到了这样随意的田地。

到底是经历了些事情，说起什么都像是别人的故事，不疾不徐，娓娓道来，这是我发现小晴的另一重大变化。要知道以前她眉飞色舞用四川方言讲话的时候，简直就像舞台剧演员。

行情不景气，业务难做，交房后发现质量不过关，装修期间墙就开裂，跟交往了几年的男友出现问题，一个还在上大学的年轻女孩发信息给她说，你能不能让一让位？

她让位了，她说这是成全，成全自己。

生活里大大小小的祸乱都要钻出水面，你按住了一个又浮上来另一个，终究没有三头六臂，就这两只手。索性什么都不再刻意地控制，让该来的来，解放双臂拥抱自己。

我试图打开这个困局。我说，你可以换个工作啊，你可以再认识男人；我说，拉上邻居一起投诉开发商，问题总能得到解决的，不是吗？

小晴显然没有我激动，她像一面湖，泛起涟漪后很快又恢复平静。她说，不是没想过你问的这些，我就是累了，事情总会有个结局，或许不是现在，我就等一等。

刚出这些事情的时候，小晴也是强打起精神，想假装一切并没有什么，一边拼命拜访客户不敢丢单，一边在下班后找人吃饭看看有没有更好的工作机会，回到家她做好家务，拉着打游戏的男友商量这段感情怎么修复，周末跑新房跟开发商吵架。

能做的都做了，可生活还是摆给她一张臭脸，暂时没有一件事有起色。她说在某个喝酒后的深夜，觉得自己疲惫不堪，心里有个声音问自己，能不能就先这样子，让我缓一缓？

讲到这里，我就明白了。每个成年人都有这样的时刻，那些"鸡血"再也哄骗不了自己，每天仅有的能量都用来强打起精神，所有的努力其实不过是安慰自己还撑得住，连带给别人造成一副"我没事"的假象。

好像并不指望自己的振作能让一切好起来，但是还有什么值得指望呢？过去的成败转瞬即逝，轰轰烈烈的爱情烟消云散，就连自己也不太把握得住，唯一能侥幸试一试的，或许只有忙碌和辛苦了。

所以，就让自己陷入忙碌和辛苦的全副武装里吧，就让那种我还在努力的自我安慰跟时常出现的负面情绪械斗吧，我会撑住，直到撑不下去的那一天。

真正可怕的不是撑不下去，而是撑不下去的时候信仰也全部崩塌，对人生绝望，对自己失望。接受不了自己的颓丧，也无法安抚那一刻想放手不管的心情，陷入一面还想挣扎，另一面却全然无力的困局之中。这样的分裂状态，强过任何一种生活的侵蚀。

我们活着，好像总是被教育要提着一口气。不能松懈，不能没有准备，不能服输，这口气松了，人也就垮了。所以，那些被称为勇敢的人，好像都得是一副咬牙切齿的模样，赤手空拳也要负隅顽抗，这才是可歌可泣的。

就这样所谓"勇敢"地过一些年岁，我们渐渐明白：承认自己的颓丧，接受自己暂时的不作为，跟一段混沌的日子共生，不再为别人眼里的姿势好看而活，就是想毫无负担地自我放逐那么一阵子，过得不太费力气，这也不失为一种勇敢。

真正跟生活较量的人无须在意一时得失和细节成败。说到底，画一个精致的妆、在他人面前衣冠楚楚、职场上活得像个斗鸡，回到家却还是内心如煮汤，因为无法接受这样的生活而恸哭，这样的日子真的更高级吗？

没必要把自我放逐看得那么可怕，不过是不再做徒劳的挣扎和坚持，不过是把那些用来打理表面功夫的精力暂时保留。太难过了，我撑不下去了，那么就给我一段时间歇歇脚吧。

双手可以用来战斗，也应该用来拥抱自己。我在小晴身上看到了一种自在和淡然，这是她选择的方式。三十几岁，能找到自己的步调，不趋同，不迎合，知道自己现在该怎么做。在我看来，这比那些根本不知道自己为什么要撑住的人更懂得生活本来的面目。

分别的时候，我还是别扭着问了一句："以后有什么打算吗？"她笑笑，回答说："等我知道了再告诉你。"

没有对毫无计划的人生感到一丝愧疚，也不是彻底自暴自弃地说无所谓，更不是饱含沧桑地放话"走一步看一步"，她就是很平常地说，等她知道了再告诉我。这句回答里没有慌张，只有笃定，她清楚自己会有那样一个时刻，知道下一步该怎么走，那时再重新启程。

跟小晴道别后，我想起了山本文绪在《涡虫》里的一段话，放在这里或许适合，就送给每一个可能暂时懈怠的人吧：

　　"暂时不想振作"也是一种自我疗伤的方法。对于身心俱疲的人，合适的鼓励方式也许不是"打起精神来"，而是拍拍他的背让他安睡。不必从他人的奋斗里寻求勇气，人们最终会选择最自然的发展轨迹，或是继续消沉，或是厌倦消沉，走向人生的下一站。"就算跌倒受伤，但过段时间痊愈后就必须重新站起来，这就是人类。"身心的这种自我恢复能力虽然令人懊恼，却一直存在。

我们终将告别那些挥之不去的痛苦

在"分答"的提问里，我看到几个人有相似的困惑，前面的叙述不论是因为学业、工作、家庭还是爱情，结论都是一样的——我很痛苦。而疑问也一致——我怎么才能不这么痛苦？

答案肯定包含先解决问题，但无奈的是有些痛苦是事情暂时无法解决或者根本不会朝着你期望的方向发展而导致的，比如无可挽回的失恋、鸡肋的婚姻、丧失亲人，它们或许已经不可逆转，这种情况下该怎么解决痛苦？

一分钟的回答时间真的不够说清楚，所以我还是写篇文章谈谈，因为即便我是回答者，我跟其他人一样，也有我的烦恼和痛苦，我也有过这种历程。

　　而我最想告诉你的一个血淋淋的真相是，这种痛苦是人必然要经受的。

　　在我最初做心理咨询的时候，我接待过一个失恋的来访者，她希望尽快摆脱痛苦的状态。坦诚地讲，三次咨询之后，别的不谈，单就痛苦程度而言，没有减轻，反而还有愈演愈烈的趋势。对一个咨询"菜鸟"来说，这简直是毁灭性的打击，我觉得自己很没用，没帮到她，好像还害了她。

　　我就这个案例跟我的督导老师交流，他的一个问题问得我哑口无言："你是觉得她不该痛苦吗？"

　　我回忆来访者的现状，她出差回来看到恋人的东西都搬走了，深爱五年的人竟然不辞而别，在毫无征兆的情况下失去了爱情，谁会不痛苦？

　　理所应当，这种情况下谁都想立刻好起来，但这现实吗？当时过度反移情的我也被蒙蔽了，一心想要按照她的思路来解决问题——怎么才能快速恢复到无痛状态？却忽略了最自然的结果，这种痛苦是合理的、正常的。

　　至于为什么痛苦的程度在咨询过程中会出现增强和反复，我想很多人都有类似的体验，最初处于应激状态下，我们还能应付，但假以时日却会越来越痛。这就像中了一颗子弹，我们的疼痛感会在剥开伤口之后更加显著，而取弹的过程痛彻心扉。治疗内心的伤痛也是如此，随着对问题深入地剖析，触到内核，你一定会越来越痛苦，这是治愈的必然过程。

如果不触碰真正的问题所在，它只会演变成长期存在的疑难杂症。所以，正视痛苦存在的必然性，就是治愈痛苦的第一步。

我知道提问的人一定内心灼热，即便痛苦是必然的，你也想快点结束它，总不能听之任之放纵它的发展。这种想法虽然没什么错，但如果你让这念头挥之不去天天萦绕耳边，那么摆脱痛苦就成了一种执念、一种对抗，它只会加剧你的痛感。

你是不是也有这样的时刻？越想快点入睡就越睡不着，越不愿去想不愉快的事，它们就会越频繁地被你想起，这不是什么神奇的魔咒，只是因为你的对抗情绪让这些不愿触碰的东西在大脑里占据了更多的认知资源，耗费了更多的注意力，所以你更难做到你想做到的事。

同时，对抗痛苦的情绪会产生焦虑，让你不能如常对待问题本身。所以，对抗其实是不愿意真正面对问题和痛苦的表现，这样做只能减缓你走出痛苦的速度。

美国心理学家派克说："逃避问题及其内在痛苦情感的倾向是所有心理疾病的主要原因。"

也就是说，问题没有击倒你，你被自己的懦弱闪躲击倒了。

对待痛苦最适合的态度是承认它是成长必经之路，也愿意跟它一起生活，愿意承担它带给你的破坏。然而，这不是全部的真相，还有一部分事实是身处痛苦之中的人常常忽略的，那就是痛苦的好处。

如果你爱过"渣男"，极其痛苦，那么下一次遇到渣男你还会奋不顾身吗？我想大多数人都会因此心有余悸而更慎重地选择婚恋对象。如果你借钱给朋友没打借条遭遇不还钱的痛苦，以后遇到类似情况你还会稀里糊涂被欠账吗？你的心里一定有个声音告诉你，要记得上次那么痛的领悟啊！

这就是痛苦的意义和好处，它让我们在痛过之后不会再盲目地用相同的方式去对待相同的情况，我们会选择更有利于自己的方式，甚至会举一反三避免其他痛苦的可能。

如果你能看到痛苦闪光的这一面，或许你就不会每天惦记着一定要让它快点消失，而是把它视作生活中平常的一件事。它有两面性，不足以致命，我们受它侵蚀，同时被它打磨成为更坚强的自己。

我们一边承受着工作带来的压力和辛苦，同时迎接工作给予我们的成就感和价值感；我们享受爱情带来的烦恼和心酸，很多时候我们也得到了甜蜜和幸福。痛苦跟其他任何一件事一样，它真的不是完全消极的、无用的存在。

我见过长期处于痛苦之中的人，他们可能在引起痛苦的事情过去了很久之后依然无法摆脱这种状态，我只能称之为"享受痛苦"或者"痛苦成瘾"的人。

这听起来与常理不符，谁愿意天天痛苦呢？谁不想每天对着世界微笑呢？但别忘了，人的本能是趋利避害的，没有好处的事是很难让我们长期坚持的，享受痛苦的人在痛苦中得到了隐藏的好处。

你可能听过他们的自我辩白："我太痛苦了，所以状态很差，无法专心工作。""我真的很难过，什么事都不想做。""我走不出上段感情给我带来的伤害，没法再谈恋爱。"痛苦成了一个借口，它是很多人不作为、不努力的挡箭牌。

他们用痛苦合理化自己的懈怠、懒惰、无所事事。每当别人鼓励或者批评他们时，他们就会摆出一副苦相，说："不是我不想好好的，是痛苦阻碍了我。"痛苦不是阻碍，是他们自己阻碍自己，他们从痛苦中得到了心安理得的解脱，"要怪就怪痛苦咯，不怪我。"

痛苦给他们带来了逃避人生的最佳理由，所以他们宁愿长期身处痛苦之中也不想动弹，因为一旦走出痛苦，遮罩自己的保护伞就不存在了，他们将面对真实生活中随时可能发生的失败以及自己不够强大的真面目。

于痛苦成瘾的人而言，这个结果比痛苦更可怕，因此痛苦变成了一层妆容，他们无法卸"妆"面对自己和他人，只能继续停留在痛苦的生活里。

如果下次有人问我如何摆脱痛苦，我想让他先问问自己，是否明白痛苦是一种必经过程，是否做好准备带着痛苦去生活，是否愿意勇敢地接受痛苦的洗礼而不是凭借痛苦仓皇度日。

没有此刻的自控力，就没有未来美好的自己

朋友发给我一个表情，由八个字组成："里药空寂里计己啊！"我看了半天才明白，原来是"你要控制你自己啊"。这个表情实在太可爱，还挺万能。朋友说又犯懒没去健身，说下个月就要考试还没好好看书，说忍不住想要跟男朋友发脾气，我都会先甩一个"里药空寂里计己啊"给她，关键时刻，克制和自控真的太重要了。

有时候，不是环境逼人，也不是自身能力不成熟，我们没有达到预期目标的原因是一不小心就失控，滑向了自我放纵的深渊。说起成功的必备要素，我想自控力绝对占有一席之地，毕竟连自己都控制不

了自己的话，还谈什么指挥千军万马呢?

很多人都折在自控力这件事上，他们常说，我尽力了，但我就是做不到。这句话百分之五十对，百分之五十错。对的那部分是：人类的自控力的确有限，是需要我们竭尽全力去争取的。错的那部分是：你可以做到，因为即便你的自控力先天不足，还可以靠后天培养。

培养自控力其实是在跟自己的惯性行为做斗争，它的确是一个劲敌。因为我们往往习惯了一些事情之间的联结——也可以称之为条件反射，所以不知不觉间被惯性行为驯化。比如，进家门第一件事就是瘫倒在沙发上玩手机，久而久之，你就养成了这样的习惯。等到睡觉前你才醒悟，原本今晚是要背单词的啊! 你自我安慰说，没关系，明天再背，但第二天你又一如往常跟沙发拥抱一晚上，要么看电视，要么玩手机，要么吃东西，总之就是没有去做计划之内的事情。

你要改变的不是明晚下班后躺倒在沙发上的行为，而是改变长久以来习惯了的行为模式。如果不清楚这一点，没有充分的自我意识，你的大脑就会犯懒而默认选择最简单的行为。还侥幸地以为不就是今晚一次放纵吗? 没什么大不了。其实不然，你再多放纵一天，你的血槽就又空了一点，你必须现在立刻有紧张感，行动起来。

这种自我唤醒是非常必要的，因为在认知上充分重视起来，我们大脑里的神经机制才会配套地调动起来跟你一起作战。

分享一个我的战斗经验，那就是要开启自我对话。因为很多心理活动是在大脑里完成的，就像是跟看不见摸不着的意识沟通，所以很难有强烈真实的感觉，就是这一点让你觉得偷懒没关系，反正没人知道。如果你跟自我对话，用出声思维来打破惯性行为的联结，就会让你更快地切入新的行为。

自我对话就是要说出来，把自我要求和激励用语言表达出来，就像对犯懒的自己说话。有一阵子写文章前我就是这么做的，"九点钟了，你已经休息够了，该写字了""现在十二点了，该去洗漱了，不要贪玩，要不然明天早上起不来"。当你说出来的时候，就是一种从认知到语言层面的强化和肯定。

这样做也是在告诉自己，懒惰的你和自控的你其实都是具体的存在，你并不是只有懒惰和拖延这两种属性，你同样具备可以克制自己的能力，只是暂时被懒惰占了上风，现在把它们两个都独立剥离出来，让它们对峙，就有成功的可能。如果像以前那样含混不清，你的行为也永远是混沌的，这样做可以让你感到你确实能控制懒惰，就像操控电脑一样。

所以，打破原有行为习惯就是要有一个"刻意"和"处心积虑"的过程，想自然而然地转变成你想要的样子，几乎是不可能的。追求即时满足是天性也是本能，与本能对抗是一场攻坚战，要对自己狠一点。

唤醒了新的行为模式之后不要大意，同样需要巩固，巩固的过程一方面靠习惯的养成，一方面靠自我激励机制。

你可以设置奖励体系，累积计分兑换奖励。成功完成计划三天、五天、一周、一个月等能得到不同的奖赏，奖赏最好落实在有形的存在上，比如用一张奖励兑换表，每做到一次就打钩，定期回顾进度，兑换的奖励无论是哪种都可以拍照留念，建个电子相册。这是仪式感，也强化你的信念，当你想偷懒的时候打开电子相册看一看，会有强烈的视觉冲击。得知已经有如此大的进步，你为此付出的成本已经这么高，你想退却的心情就会渐渐微弱。

这些小事看起来微不足道，但由此获得的满足和你那些旧习惯一样，积累多了就是一种明确的存在，会使你强韧，变得积极乐观和锲而不舍。

在改变习惯的过程中，有几点容易出现反复，需要注意，我也走过弯路，与大家分享一下经验教训。

首先，如果在一件事情上已经失控，就不要纠缠，继续向下一件事挺进。偶尔的失控是必然的，尤其在改变的初期，很可能出现一些倒退。比如，计划晚上八点钟跑步，十点钟读书，十一点钟洗漱，很有可能你在八点钟没有出去跑步，拖延到了九点多，这个时候不建议再出去跑步，因为你已经产生了愧疚感，这种愧疚感会蔓延到跑步这件事上，很难得到积极的反馈，不如直接提前或按时开始读书计划。这样你开始一件全新的事情，就能放下跑步的意念，也能顺利执行十一点洗漱睡觉的计划。如果你在跑步这件事上纠缠，只会带着一晚上每件事都被拖延的负罪感，并且延迟睡觉，这会让你第二天的精神状态很差，你对前一晚的整体评价都是负性的，下一次很难用积极的心情面对。

其次，如果确实存在一些依赖心理，可以尝试争取同伴的力量。我个人的自控力其实是不错的，但我在跟他人互动的过程中还是感受到了更强的驱动力。上半年有一个阶段我比较懒散，有一次想拖延一下，结果接到了椒叔的催更信息，他问我，你今天写东西了吗？他还说他找了好多图，准备配文用呢。这句话立刻把我从床上拎了起来，接下来几天我都有点怕椒叔催我，所以按时写文，还鼓励椒叔多找图，我们之间这种互相激励和监督的对策非常适用于偶尔松懈的状态。

再次，学会转移注意力。抵制诱惑这件事要靠一些技巧，工作或学习的时候把那些容易吸引你的东西收起来，至少放在视线范围之外。我工作状态涣散的时候，会拿起桌上的喷雾喷喷脸，翻一下没读完的书，其实如果它们不在手边，我不会主动去做这些事，就是因为这些"坏家伙"在抢夺我的注意力。而实际上是我把自己投放在一个不够"安全"的环境中。减少周围的干扰，把容易诱惑你的东西从视线范围内转移走，可以适度帮助你调整专注程度，提升自控力。

如果你在行为层面能做到以上这些，假以时日，一定会游刃有余地自控。如果还是存在一些反复，可能是你在心理上对提高自控力存在着过多的恐惧，或者说对计划要做的事情感到痛苦。

很多人存在着这样的心理误区，他们认为背单词、健身、看书、学习等事情会让自己感到非常痛苦，对比之下，吃东西、玩游戏、逛街、玩手机等事情就很愉快轻松。这种认知上的反差一定会让人产生畏难情绪，但这种认识是错的。这两种不同属性的活动都会让你收获快乐和积极，只不过一个是长久的或者说属于未来的，一个是短暂的或者说属于现在的。要是学习没有一丁点好处，你压根就不会纳入计划，不是吗？要是健身会让你身体越来越差，你早就不买年卡了，不是吗？

所以，真正决定你该怎么做的是你未来的目标。

写这篇文章之前，我问椒叔，从现在这一刻算起，一年之内你的目标是什么？他说要在工作上迈向一个新的台阶，要减肥，要家人快乐，要帮公众号找更多的图。我说，你再好好想想吧，你这相当于没有目标。因为这个目标一点也不清晰，用什么去衡量啊？什么叫新的台阶？减多少斤叫减肥？家人怎样才叫快乐？更多的图是几千张还是几万张？

我们常常就是这样，因为目标太模糊，你看不清它到底是什么样子的，所以也看不清眼前，理所当然会被眼前清晰的、即时的快乐所影响。

我想象中一年后的样子是比现在皮肤紧实、体态挺拔、心情平和，每天可以带着电脑去喜欢的咖啡馆写作，穿舒适的平底鞋、宽松的衣服，接电话时面带微笑……当我一点点去勾勒自己一年后的样子时，我眼前仿佛就有这样一个人存在，我憧憬的不是虚幻的完美女性的形象，我要的就是一种踏实确定的感觉。

当你能清晰地描绘出你未来的样子时，就能更确定那样的状态可以给你带来快乐、满足和成就感；当某时某刻诱惑就呈现在你眼前时，脑海中那个未来的你才能与之抗衡，你才会收缩和控制那些对未来无益的行为。

那些满足于眼前快乐的人，就是因为没有清晰具象的目标，没有提前预言过实现目标的快乐，所以才会举手投降，离未来的自己越来越远。

著名的心理学家凯利·麦格尼格尔做过一个实验，用3D技术来模拟你未来的样子，并且可以实现人机互动，跟现在的你来直接对话。实验结果表明：接受过这个实验的人戒烟或者减肥的成功可能性更大。

这是同一个道理，因为我们对未来的自己感到陌生，难免有不真实感存在，甚至寄希望于虚幻的未来，总是以为未来我们一定会更有时间、更有钱、更成熟，却忘记了没有此时此刻的努力和克制，那个更美好的自己永远只是一种虚影。

希望读完这篇文章后，你第一时间练习掌控自己。如果出现意志不坚定的情况，不妨想象一个严苛的我对你说："里药空寂里计己啊！"

请照顾好你内心那个自卑的小孩

自负的背后是深刻的自卑，这话不假。

外在越是飞扬跋扈又挑剔的人，内心就越是脆弱卑微，他们不得不用居高临下的姿态来包装自己，使自己显得强大，不让人看出真实的自己其实是个自卑的小孩。

我有个朋友方少就是如此。

方少有一副好皮囊，加上气宇轩昂，高中时代就有不少姑娘对他暗送秋波。可这一类男人真的只适合远观，若近距离与他相处，恐怕会落得武功尽失的下场。因为方少实在是太挑剔了。

每次约会时，从服饰搭配到言谈举止，方少都会品评一番，可惜没有一句是赞美。"腮红扫得太多""裙子皱了""这部电影纯属浪费时间"。一场约会下来，心理素质差的姑娘会慌张到不知走路先迈哪条腿。纵然是受到朋友们一致认可的"女神"级人物，也难入方少的眼。但方少认为，自己有挑剔的资本。

按世俗标准来说，方少确实小有成就，大学毕业后迅速进军快消品行业，在短短五年时间内就升职为某品牌的大区销售总监，后来跟人合伙创业。听说最近因团队与其不和，他被迫退出，别人问起此事，他就皱眉说："不提也罢，那些人水平太差，让他们走他们的独木桥吧。"

方少当然有看得上的人，他心目中毫无瑕疵像神一样完美的人物就是他的哥哥。在大学生还稀有的那个年代，他的哥哥坚决放弃旱涝保收的国企单位，毅然下海去深圳捞了第一桶金，后来生意做到了大洋彼岸，事业一片坦途。

我们的成长路线都是比照着"别人家的孩子"，模糊缥缈，而方少的榜样就在眼前，活生生的，躲避不了。我可以想象方少从小到大的生活状态，即便是父母不多言，光芒四射的哥哥也足以让他的优秀黯然失色，无论他怎么努力好像都无法企及哥哥的高度。

除了那些世俗意义上的成功，生活并没有特别厚待他，任谁的生活里有这样一个优秀又难以逾越的榜样，都很难在内心建立真正的自信，因为不用刻意对比就会照见自己的渺小，好像拼尽全力也难翻越被比下去的藩篱。

这可能是方少最大的软肋。他害怕比较，害怕被别人看不起，所以他有意无意地逃避，而一旦不得不面对被比较的情况，他又无法接受"被比下去"这一结果，只能选择先发制人，碾压对方的尊严。

方少最爱给人讲述他的心酸奋斗史：大学毕业刚工作那会儿，一碗泡面吃两顿，每天从国贸地铁不息的人流鏖战到半夜时分所有写字楼的灯光熄灭……说的都是掏心窝子的话，却没什么人爱听。方少不过是想一遍遍在别人面前证明自己吃过的苦没有白费，即便比不上他的哥哥，他仍然是有价值的、值得被尊重的。

他渴望理解，那些表现出来的自负和不屑像是他的保护壳，保护着他的脆弱和自卑，而真实的那个他就躲在厚厚的壳里东张西望，一旦有人透过他的跋扈、张扬看透他的自卑，给他一丝暖意，他就会探出头来，轻轻地蹭在你身上。

方少觉得我是最懂他的，不过是因为他爱得罪人的性格，让身边渐渐变得冷清，最后留下的朋友只有我。

也只有在我面前，他才愿意袒露心迹。他曾对我说："我知道自己尖酸刻薄，一开始只是觉得这种方式显得我眼光独到、见解过人，没料到现在成了改不掉的习惯，认同和夸奖别人总让我觉得自己在谄媚、在逢迎，就好像自我已经低到尘埃里。"

和方少一样的人不在少数，他们盛气凌人又吹毛求疵，这不过是一个人获得心理优势的畸形方式。他们需要这种"高人一等"的力量填补先天不足的自信，他们心里住着一个自卑的孩子。

那个孩子就是过去的自己，是残留在童年的自我。在最需要呵护和关注的童年时期，他们处于不被重视的境况。

你再努力，也比不过父母眼中"别人的孩子"；你再用功，还是会被老师念叨"你看某某比你好"；你再乖巧，也难以跟那些天生八面玲珑的同龄人比肩。你像是时刻活在他人的影子里，这种挫败感让你久久难以释怀。

内心深处那个自卑的孩子因为没有得到鼓励和及时关注而停止了成长，"他"就一直被困在你的内心，在你的身体已经长大成人后，"他"还会时不时地扯扯你的衣角，委屈地告诉你，"他"还没有准备好长大。

于是，你为了让"他"快速成长，拼命透支自己，你不断努力，希望不足的部分重新获得成功，你渴望用这样的方式补偿"他"、安抚"他"。你甚至不惜一切代价，用贬损别人、抬高自己来证明你已经强大了，你用力过了头，反倒伤害了现实的自己。

自卑是你的缺口，它纠缠着你的目光，让你只看得到缺口，渐渐忘记了自己也有完整和优秀的那部分；它也会让你对他人的优点更加敏感，习惯性地去用自己的短处比照别人的长处。

若想改变，就必须打破这种不良的惯性，你应该重新建立一个社会比较的参照体系，并让这个体系更加立体。不要总是纠结于某个单一的维度，要在多维度的发展上去综合对比；也不要总是盯住确实跟你有较大差距的人，过度的上行比较只会让你刚刚萌芽的自信心迅速夭折。

培育自信的最好方式是纵向回溯，不去管周遭的纷纷扰扰，而是看看你跟心里那个自卑的孩子，这些年在披荆斩棘追求进步的路上收获了哪些成长。

过去写作业被批评马虎的那个你，是不是已经成为了认真谨慎的人？过去做事三分钟热度的那个你，是不是已经具备了坚持和执着的特质？如果确实看到了自己的改变，记得及时给予正面的回应，你可以不断确认正面的变化，并告诉自己，你已经长大，你有了继续成长的能力。只有先照顾好现实的这部分自己，才能真正让自卑的孩子快速成长。

我们都是一样营营役役于人世，为生计、为尘世的名利而奔波追逐，各种成功人士的喧嚣掩盖了普通人的声音，像方少这种有着自卑灵魂的人更需要被别人听到。"他"不停抢麦，以攻击、挑刺来剥夺他人的话语权，不过是在乞讨一点稀薄的存在感，在人海浮沉中争得立锥之地。其实，那个抢麦的也正是"他"内心自卑的孩子，"他"太想要大声告诉世界"他"很强大。

他们争取伙伴认同是通过贬损别人来完成的，这可能会带来一时的胜利，却难以真正被认可和接纳。最后落得形只影单时，他们才能真正自我觉察，原来是内心的自卑在磨损他们的人际关系，打压他人带来的只是一时的快感，而之后引发的人际疏离会反向强化自卑——他们似乎变得更没有价值，因为人们不喜欢他们。

请及时照顾好内心的那个孩子，让他不吵不闹，学会谦卑与包容。遇到比自己优秀的伙伴时，想想如何从他的身上汲取优点；遇到确实存在问题的人时，也请学会友善地提示和帮助。因为包容他人不足的过程，恰恰是不断接纳自己的重要历程。因为本质上，大家面对的是同一个课题：如何与自己的自卑和解。

Chapter *03*

适度的不喜欢，是对自己的保护

高情商未必会带来世俗意义上的成功，但会让人更轻松地自处，更愉悦地与他人相处。这是一种幸福的体验，也是一种跟生活融洽相处的能力。

在这个纷乱的世界中，情商低的人看到的是危机和烦扰，而一个高情商的人会在危机和烦扰之中获得希望和热情。

所谓情商高，就是会说话

　　说起成功或是失败的原因，每个人似乎都能总结出几个关键要素。

　　有人归因于勤奋，有人归因于际遇，还有人归因于天赋。

　　我的一位朋友总结这几年的创业历程时，认为他不够成功的主要原因是"情商欠费，余额不足"。

　　智商飙高，情商走低，你的人生坐标的确难以定位在高点，情商低就像一条沉重的尾巴，拉扯着你使你走不快。

　　我问朋友，他觉得高情商的人是什么样子的。

　　他说，情商高就是说出来的话别人爱听，听了会高兴，情商高的人很善于处理人际关系。

比如公司招聘，面对不适合的候选人，情商高的HR会说对不起目前这个岗位不适合你，而不是说你不符合要求；团队招来新成员的时候，情商高的人鼓励团队分工合作，而不是强调比较和竞争；跟恋人产生矛盾时，情商高的人和风细雨地沟通，而不是争执和吵架。

这个答案我只能给朋友刚及格的分数，虽然有可取之处，但有失偏颇。

情商绝不仅仅是会说让人开心的话，不局限于人际关系方面的表现。简单来说，情商既包含处理好自己的情绪状态，也包括妥善管理与他人的关系。

真正的高情商不是八面玲珑，而是先处理好自己的四面楚歌，我从未见过一个处理不好自己情绪的人成为一个情商高手，搞定自己，才是高情商的前提。

>>> 迈入高情商的第一步是能察觉自身情绪

每个人每天都会有大量的情绪体验。感到恐惧的时候，会想象前方皆是妖魔鬼怪，因而畏缩不前；体会到沮丧的时候，认为人生无望，想要放弃努力；心怀快乐的时候，达观而积极，更愿意投入和行动。这些都是情绪在驱动你的想法和行为。情绪从来不是一个独立的存在，它跟我们的人生唇齿相依，有时还会成为人生的导航仪。

可大多数人常常醉心于思考和行动，忽略了跟我们最直接相关的情绪本身。当你愿意定下神来细细体会你的情绪，透彻了解自己正处于什么样的状态下，会让接下来的思考和行动都更为准确。

比如，当你发现恋人跟其他异性暧昧，你会有什么样的感受？你可能会害怕，怕他弃你而去；你也可能会生气，为他不够忠贞而愤怒。虽然害怕和愤怒都是负性的情绪，但一个会让你逃避事实，一个会驱动你冲动地追问不休。如果你没有整理好自己的情绪，不清楚你的核心情绪是什么，便会混淆视听，明明害怕却还会爆发争吵，明明愤怒却不敢沟通。

接下来管理情绪，并让情绪自洽性地发挥作用。

让情绪在适当的时候表现出来，调节、改善和控制它，就是"管理"，而情绪自洽性是指让情绪驱动恰当的认知和行动。

简而言之，就是把每一种情绪放在合适的地方，让它真正产生作用。

比如，因工作不顺利而感到难过或是沮丧，就尽量不要急于处理手头复杂的工作，因为在情绪不佳时，你的注意力很难集中，工作效率低下，会直接使工作陷入更大的麻烦之中，也不要在这样的状态下去跟他人沟通，因为你容易把情绪转移到他人身上，传递消极的信号。这个时候，你可以通过处理一些简单不耗神的事情转移注意力，也可以通过运动、听音乐等健康的方式去释放负面的能量。

积极情绪也可以为你所用，状态好的时候处理更有挑战性和更复杂的事情，比如完成一个难度大的工作任务，处理你和恋人的争执，因为情绪状态极佳的时候你会更宽容，更富有创造力，更易于积极思考。

情绪的确有好坏之分，你无法完全左右它的产生，但你也不是彻底束手无策。在不同的情绪状态下做不同的事情，发挥每一种情绪的价值。它们就像你手里的牌，用适当的方式打出去，你就是情商高手。

以上所说只关乎自己，但只有先搞定自己的情绪，你才有能量去识别和管理他人情绪，建立良好的人际关系。那些只能处理自身情绪却难以顾及他人情绪的人，同样不能称之为高情商。

记得有一次闺密生日聚会，偏不巧她在生日前几天跟男友分手，情绪不太好。到场的人都知情，有人为了避免尴尬不提这件事，有人转移注意力聊其他话题。偏偏有个十分没眼色的，拉着闺密让她讲分手的全过程。闺密冷着脸说今天先不提这事，没想到那位不依不饶，当众送出的生日祝福是祝闺密跟前男友和好。好端端的生日聚会，被她搞得气氛尴尬，差点儿成了失恋哭诉会。

这就是低情商的表现，压根不会发现他人情绪磁场的变化，明明应该认识到寿星心情不好，她却毫无察觉，这是因为她过度关注自我需求，不考虑他人。

相反，情商高的人不仅能识别他人情绪，还能照顾到他人的心理需求。跟这样的人交往起来总是感觉很舒服，无论你说什么，他们都能很清楚地明白你的意思，理解你的心情，这种特质也可以称为善解人意。

除了善解人意，你还会发现，情商高的人是能调动和控制他人情绪的，他们很容易让气氛变得恰当和舒适。他们擅长打开局面，让自己和他人看到悲伤之外仍有喜悦，失望之外还有希望，愤怒之外存在平和。

做一个能调节和引导情绪的人，就是帮助自己也帮助他人看到此刻身处的情绪之中依然有别的成分，并且情绪不是固定不变的，而是可以流动起来的。让负面的情绪流动，置换积极正面的情绪。

如果你面对一个因失恋悲伤而向你诉苦的朋友，除了倾听以及与他共情，你还可以引导他看到失去恋爱关系这件事所带来的正面体验。跟一个不爱自己或者不适合继续相处的人分手，是因为这样的选择可以结束痛苦，带来新的生机，割舍掉感情毒瘤才能让新的感情生长。而此刻的痛苦、悲伤、不平不是情绪的全部，情绪的另一面是解脱和希望。

这样的做法打开了僵化的局面，让人的情绪和认知都在流动和变化。当你关注到情绪的全貌，新的态度和想法会随之而来。

当然，也有些人不擅长表达感受，他们会直接说出他们的看法以及打算如何行动。

一个高情商的人除了善于处理他人情绪，也能对别人的认知和行为做出恰当的回应。

这种"恰当"不仅指顺应和支持，也包含直言不讳和反对。很多人把高情商误认为是不管自己感受如何，都要说让对方高兴的、顺耳的话，这是对高情商最大的误会。

任何一种回应，不管表达的内容如何，最重要的前提是真诚，而让别人愉悦的前提一定是先保证自己愉悦。如果高情商只会委屈自己、满足他人，那要它何用？

高情商并不意味着维系虚假的自我，说言不由衷的话，甚至在明显不赞同对方的时候隐藏自己真实的态度——那是虚伪而不是所谓的高情商。

虚伪是回避冲突，隐藏自己，迎合他人；高情商是诚实为本，真实做人，善待他人。

有位朋友面临不小的经济压力，他想把手里的钱拿去做风险投资，有人不问青红皂白就顺着他说这件事可行，你真有眼光；但也有人真实地表达担忧，还给了些建议。大家在饭桌上心知肚明，让他慎重考虑虽让人忧心忡忡，但符合实际。

我那位朋友会一时把前者当作可以交流的朋友，但会把后者当作真心为他考虑的知己。要清楚，高情商的最终目的不是说一些场面话，结交或无用或短暂的朋友，而是让我们理顺自己的人生，跟他人建立和谐又对彼此有益的关系。

当我们违背自己的内心情感而去迎合对方时，其实牺牲了自己的真诚和正直，也断送了结交真心朋友的前提。

即便是表达不同的看法，也不等同于横眉冷对和强硬无理，依然可以先肯定该肯定的部分，支持该支持的选择，而后再表达顾虑，耐心而富有善意地交流。

所以，高情商的人在与他人交往时，所表现出来的不是肤浅地说让人高兴的话，而是能调节他人情绪，同时真实、巧妙地表达自己的态度。

有人说，高情商才是真正能使人获得成就的因素。在我看来，高情商未必会带来世俗意义上的成功，但会让人更轻松地自处，更愉悦地与他人相处。这是一种幸福的体验，也是一种跟生活融洽相处的能力。

在这个纷乱的世界中，情商低的人看到的是危机和烦扰，而一个高情商的人会在危机和烦扰之中获得希望和热情。别以为所谓的会说话就是情商高的表现，先处理好自己的"四面楚歌"，亦能对他人的需求"八面玲珑"，保持平和、真诚，这才是高情商的最佳状态。

没有好好沟通，所以才会讨人厌

我接二连三听到朋友跟我"吐槽"朋友圈内的一个姑娘。

朋友甲心情不太好，这姑娘主动私聊朋友甲，问她是不是跟男友闹矛盾了。朋友甲说是，姑娘接下来噼里啪啦发了十几条消息，总结起来就一句话：朋友甲平时做人太较真了，男人都受不了这样的女朋友。

且不说这话有没有道理，让人不舒服的是她先来窥探隐私，又在对方并不需要听取意见的时候评论了一大堆，结论竟然还是朋友甲做人有问题。

朋友乙也被这姑娘伤害过，他在群里分享去一家公司面试的情况。话还没说完，这姑娘直接@他说，你刚才那个回答太幼稚了，面试官不会喜欢的。有人出来打圆场，姑娘说，我就是有什么说什么，他不会这么小心眼吧？

　　朋友乙很无奈，我们都看在眼里，明明朋友乙只是轻松愉快地分享一下自己的面试情况，她又不是面试官，凭什么这么评价别人呢？

　　这姑娘明显不懂得什么叫界限感，被她"指点"过的人没有一个跟她关系好，也没有人主动找她倾诉，更没有人想听她讲大道理，她却太拿自己当回事，没摆正自己的位置，插手别人的生活。别人有没有跟你沟通的意愿，难道不是说话前要考虑的事吗？

　　除此之外，她丝毫不懂沟通的艺术，不但说了没用的话，这些废话还句句藏刀，听者轻则皮外伤，重则被挖心挖肝。

　　很多矛盾都是没法好好说话引起的。或许谁都不是故意侮辱谁，但最终两败俱伤。

　　比如那些包含贴标签、下定义的言论。

　　　　你就是"绿茶"。

　　　　你不爱我了。

　　再比如那些指责对方的言论。

　　　　你真的很没用。

　　　　你就是情商低。

我不止一次在日常对话中听到过以上言论，这些话很难唤起听者耐心平和沟通的意愿。一味否认对方不但贬损了自尊，也破坏了关系，抹杀了建设性沟通的可能，因为这样的暴力沟通是在加重问题，而不是解决问题。

语言也有拳头的力量，用暴力的方式对话，就像向对方挥拳。如果你能学会非暴力沟通的方法，会有人更爱听你说话。

非暴力沟通并不难，不是让你曲意逢迎或言不由衷，你只需要掌握四个要素就可以学会好好说话。

>>> 1.用观察代替评论

克里希那穆提说，不带评论的观察是人类智力的最高形式。实际上，大多数人都在沟通中表现得很"低智"，习惯性先入为主带上自己的主观评判，绝口不提事实。

任何评论都可能有失偏颇，同时会让听者反感，觉得对方居高临下，这很不利于沟通的进行。

尽量尝试用你观察到的客观事实代替主观意识加工后的结论，让你的语言更有说服力，也不会引起对方的防御意识。

比如，"我哭的时候你没有反应"是你的观察，而"你不在乎我"是评论。前者是你们在那时那刻共同经历的事实，而后者是综合了所有事实的主观想法。如果你听到"你不在乎我"这样的话，很可能会感觉不公平。明明不过是这一次没有及时给予安慰，却被抹杀了此前所有的在意，想必是谁都会觉得心里不舒服，会带着怨气或者愤怒反驳。

所以，用观察代替评论，能减少对方的对抗情绪，也是保持客观有效沟通的第一步。

>>> 2.表达感受

中国人喜欢讲想法，却不擅长讲感受。压抑以及不鼓励表达感受的文化背景下，我们也模糊了感受的价值。

当被问起有什么感受的时候，大多数人只会说感觉好或者感觉不好，这种粗放的分类方式不仅不能让他人理解你，还会让你无法确认自己的需求。

其实，情绪是最直接的沟通工具，能引起共情，能打动他人。说话的时候表达感受，也是一种巧妙的"示弱"，缓和气氛，让对方卸下防御和对峙的状态，更快触及核心问题。

悲伤、愤怒、嫉妒、开心、激动、着急、忧虑……这些都是你的情绪感受，每一种感受对应的是不同的需求。

比如你跟另一半发生争执，当悲伤占了上风，那么表明你需要关注和抚慰；但如果是愤怒占了上风，那么表明你需要尊重和理解。这也是为什么有人在吵架后需要耐心哄和甜言蜜语，而有人需要平静的沟通和道歉，背后主导的情绪不一样，需求当然不一样。

>>> 3.明确需求

大多数人习惯把责任和原因指向外部，觉得情绪都是别人引起的，但真相是不管对方做得是否正确，我们的问题都源于自身的想法和需求。

跟朋友见面，对方迟到一个小时，有人会大发雷霆。

他会觉得朋友不守时，所以自己才很生气。其实，从不守时到自己很生气中间有一个很重要的中介变量，那就是自己的需求。真相是，朋友不守时，我很生气，因为我一直盼着早点跟他见面。

这不是针对他人，有时候我们会以为是一些事情引起了我们的情绪。我们会觉得，"这件事失败了让我很烦躁"，但真相是，"这件事失败了，我很烦躁，因为我很在意这件事"。

所以，是情感背后的需求在驱动我们，认清自己的需求才能提出更有价值的解决方案。

你可以尝试向他人表达你的需求，而不是模糊地给出主观评论和感受后就结束谈话。不讲出需求，别人未必知道。

但也要注意区分假性需求和真实需求。

比如，你最近下班到家都是在十点钟之后（观察），我很失落（感受），你以后九点前到家吧（假性需求），我想让你多陪陪我

（真实需求）。

>>> 4.提出具体的建议

需求容易表达，但真的落实起来，还需要可操作性强的、符合现实的建议。

以刚才提到的为例，"我想让你多陪陪我"是需求，但怎样才是"多陪陪"？怎样才能达到这个标准呢？

如果能在需求之后加上你希望的具体措施，会让对方更清楚自己应该怎么做。

"我需要你多陪陪我，到家之后我们一起看电视吧。"

"我希望你能理解我，我希望你同意我换新工作。"

有一个很有意思的现象，中国人习惯说"不要"，总是以否定句式表达自己，这不是建议，而是命令。

你不要总是玩手机！

你不要不听话！

你不要太过分！

这种类似于命令的话会让对方感觉不适，更好的方式是提出希望和建议。

你不要总是玩手机，你可以看看书。

你不要不听话，关于是否出去旅游的事情，我希望你能听听我的想法。

你不要太过分，每次吵架的时候，我希望你能哄哄我，比如……

当你通过这四个要素掌握非暴力沟通的方式，至少你可以从自己做起，减少沟通的成本和障碍，促进积极沟通的发生。

当然，沟通从来不是单向决定的事，把非暴力沟通的方式渗透到你周围的人心里，让他人也学会这样的沟通方式，才能真正促成改变的发生。

愿你的身边皆为永远之人

周末在家温习了一遍《金福南杀人事件始末》这部电影，女主角和女二号是在岛上一起成长的好朋友，长大后一个去了首尔，一个留在了岛上，从此生活千差万别。在岛上的女主角日子过得压抑而狼狈，被所有人侵犯，她能想到的唯一可以救她的人就是首尔的朋友——女二号。

可惜多年的分别，加上生活境遇的差异，在首尔的女二号早就淡化了这份感情。她没有救女主角，反倒成了一个助纣为虐的冷漠的旁观者。

故事的结尾，女主角恳求女二号再吹奏一次她们儿时的曲子，这是她死前最后的愿望，她还记挂着这份情谊，听着这首曲子，好像还能回到儿时单纯美好的时光。

仔细想想，每个人的身上要么有女主角的影子，对曾经的友情念念不舍，要么带有女二号的印记，往事随风，只顾得上在现在的生活里的浮沉。

我们都逃不掉在一些时刻，某段关于友情的回忆湿润地流出脑海，托起了我们的思绪。我们难免会想，和那些曾经要好的朋友们，是怎么变得越来越疏远，慢慢不再联系的呢？

是不是某一次他需要你时，你没到场？还是某次他发消息你回复得晚了，他有些不高兴？要不就是一起看了场电影，却对片子有完全相反的评价而闹得不欢而散？这些微不足道的小事都可能关乎友情的脉搏强弱，只是离它停止跳动还有些距离。

表面上的矛盾也好，冲突也罢，都不过是引子，友情的内里太复杂，很难用一个词来概括。友谊需要价值观可融合打基础，需要真诚做前提，需要信任加固，需要情感维系。除此之外，友情也需要情境帮衬。

相遇的时刻和场所，结下交情的起源，还有彼此的心态和现实境况，都是一种情境。在当时的情境之下，你们一定有着相似或相同之处，所以才建立起友情。或许你们同在一个班级又恰巧家住得很近，或许是因为都喜欢某个明星而有了共同的话题，或许是都在面临换工作的压力和经济的窘迫，总会有某个机缘巧合的点拉近了你们之间的距离。

无论生命的齿轮多么错综复杂，那时那刻的你们，一定有着可以紧紧咬合在一起的吻合之处，恰如其分地刚刚好。

几年前，我在话剧剧友群认识了一位朋友，虽然平常生活没有交集，但因为对话剧有相同的偏好，我们的交流越来越多，探讨工作，也聊生活，恰巧那时我们都经历感情上的不如意，相像的境遇让我们越走越近。那一年，谁有困惑都会第一个告诉对方，看了同一部话剧会谈心得，即便工作内容不同，还是互相打气。

但，这些都仅限于那一年。

之后我换了新工作，捋顺了感情和生活，因为太忙，看话剧的时间少了；之后他调动到外地长期出差，换了新的女朋友，也没有机会在北京看话剧了。我忘记了是从什么时候开始，我们之间的对话越来越少，偶尔聊聊也很难找到共同话题，虽然对彼此的认同和情谊没有改变，但是情境改变，心境亦不同，我们的确是疏远了。

友情从情境趋同而起，因情境不同而变化。但让两个人渐行渐远的最根本的原因，是没能保持一致的成长方向和速率。

曾经咬合的齿轮无法总是静止在某个情境之下，注定要向前滚动。每个人的选择都不同，我们只能依照自己的心意去追逐想要的目标。如果同路，可以结伴同行，但难免会你向左而我往右，就此阔别。他日山高水长，或许又可以遇见，又或许只能天各一方为彼此祝福。

如果你恋恋不舍，总想拽着他的衣襟不撒手，耽搁的就是自己的行程。下一个站台，你还是会因为恰好的情境遇到与你同路的人，但能一起走多久呢？但行好事，莫问前程。因为疏远是一种必然，能一直结伴才是偶得。

毕业季的时候，我写过一篇《你们是我敢坚定地说永远的人》。现在想来，这些永远的朋友并非真的只因曾经结下了深厚的友谊，而是因为我们在交会的情境之下，从彼此身上汲取养分，而后都在努力奋进争取更好的生活，不论社会怎么捶打，我们都快速爬起，没有一个人想落在人后。

这是我能想到的最棒的朋友关系，相识相知，以相同的速度奔跑，有时候手拉着手，有时候一个人跑得更快一点，但不忘鼓励落后的那个，这才是真正的同路人。

这种友情难能可贵，但跟这世间所有的情感一样，都是强求不得的。如果有一天，你们真的已经变得疏远，也请你坦然，能接受离别才能更喜悦地面对相逢，敢于承认疏远的必然才会更珍惜每一种亲密的偶然。更何况，现在的渐行渐远并非背叛过去的情谊，它真切地存在过、发生过、点燃过，而今它只是熄灭了，完成了这段情谊该有的使命罢了。

挥手道别的时候，我希望你能笑着说："没关系，我们有过美好的时光，也见证了彼此的成长，我尽力了，现在我要去一个新天地了，相信你也能尽快抵达。"

如果你也曾跟我一样，在某刻想到以遗憾结尾的友情而黯然神伤，我想把我故事里那位渐行渐远的朋友说的话送给你。

他对我说："不要回头，就让我看着你拉长的背影远去，我也会转过头继续往前走的。"

是的，我们都不要回头了，回不到过去，就追赶更美好的未来吧。不论走了多远，身后那份曾经的情谊，一直就在那里。

适度的不喜欢，是对自己的保护

读者留言问我，感觉宿舍里的人都不喜欢她，该怎么办？我问：每个人都不喜欢你吗？她说也不是，有两个人不喜欢她。

从小到大，不喜欢我们的人十个手指都数不过来吧？仔细数数，其实不喜欢我们的大有人在！以前我也忧虑过这个问题，唉，他们为什么不喜欢我呢？怎么才能让他们喜欢我啊？

大多数人都为此苦恼过，因为我们常常有现实达不到的不合理的目标，那就是希望每个人都喜欢自己。

你以为你是谁？人民币吗？就算你是人民币，还有更多人喜欢美元呢！

但作为凡人，还是会因此而不开心，即便理性上接受这个世界就是如此多元复杂，萝卜青菜各有所爱，可还是偶尔闪现失落和烦恼。

如果你没学会跟不喜欢自己的人和解，这种失落和烦恼就会一直存在。下面来说说怎么面对不喜欢你的人吧。

>>> 别盯着对方，低头看看自己

苦苦追问对方为什么不喜欢你，对方或许不会跟你讲出最真实的想法。但这是一个审视自己的好机会，回顾你们的交往过程，想想你都做了什么，有哪些部分可能存在问题。

山本耀司说，"自己"这个东西是看不见的，撞上一些别的什么反弹回来，才会了解"自己"。我深以为然，以人为镜，的确可以更全面地窥视自己。

不排除一些很容易引起别人反感的表现，比如失信、欺骗、过度依赖、以自我为中心，这些的确构成了别人不喜欢你的因素。如果你发现可能是因为这样的问题，这很好，这是一次修正和调整自我的机会，至少以此为鉴，我们以后会躲避掉很多不被喜欢的可能。

还有一些模棱两可的特质，比如直爽、爱"吐槽"、敏感，这些反应放在一些情境下是可以被理解的，说不定还会变成令人喜欢的优点，但如果用错了场合，确实很容易让对方不快。所以，除了自身的原因，不妨再审视一下你是不是在某些场合表错了情。

当然，不可否认的是，即便是多数人认为的美好的特质，也未必就一定让对方喜欢。我特别喜欢吃海胆，认为那简直是人间美味。一次跟朋友吃饭的时候，我点了海胆想跟他分享，本以为他也会忍不住赞叹海胆入口即化的口感，没想到他非常不喜欢海胆的味道和触感。

可是，海胆有什么错呢？它是无辜的啊！它怎么可能会被不喜欢呢？可就是有人不喜欢呢！所以，我不怪海胆，你也别苛责自己。审视自己，如果没有明显的问题，做你自己就好。

>>> 你要明白，他不喜欢你，有时候只是他的原因

"喜欢"这件事其实是很模糊的，有时候说不清具体的原因，但"不喜欢"这件事，一定能找到一些原因。我闺密的男朋友不喜欢她化妆，朋友的妈妈不喜欢他打游戏……诸如此类的细节都可以成为一个人不喜欢你的理由。但这些理由背后一定跟他自己有关，因为我们很难做到排除过往的经历去简单纯粹地面对 个人、一件事。

当这个人对你表现出不喜欢的时候，他或许是把他过去的情感体验投射到你身上了。比如闺密的男朋友其实是因为上一段感情中女友出轨，而他的前女友很爱打扮；朋友的妈妈以前经常抱怨他爸玩物丧志，担心儿子也这样。所以，看似针对你的个人情感，其实掺杂了对方过往积累的情绪。

还有人会用自己的"三观"去衡量他人，不符合标准的人就不喜

欢，这跟你是怎样的人并没有绝对关系，他只是不喜欢他看不惯的人而已，换作是别人，未必就能讨得他的欢心。

这一点可能需要更长时间的观察和了解才能觉悟，当你清楚地看到这一点，请别泄气，给他一些时间厘清自己的情感。

>>> 适度的不喜欢，也是对自己的保护

我们都以为所有人都喜欢我们才是最幸福最舒服的事，其实不然。假设真的存在所有人都喜欢这种可能，我想我会躲得更远。所有人都喜欢你，说明你是一个多么面目模糊又放低自己的人啊，你可能会为了讨得别人的欢心做自己心不甘情不愿的事，你可能为了维持这种喜欢而继续牺牲自己留存住他人的期望。

什么样的人更有可能被所有人喜欢呢？要么是绝对完美的人，要么是能够满足所有人需求的人。前者是痴人说梦，后者只会让你忘记存在的真实意义，只为了赢得他人的喜欢而活。

所以，那些不喜欢保护了我们真实的个性、相对自由的个人意志，让我们把有限的时间和精力拿去跟彼此喜欢的人相处吧。

>>> 过度关注不喜欢自己的人，是对喜欢自己的人不公平

这一点我深有体会，原本我也不认为自己是个八面玲珑能让接触过我的人都喜欢的角色。我的个性很强，说话直接，对不喜欢做的事不会仅仅为了别人而勉强自己，当然缺点也不少。所以，认清自己之后，我从不把有多少人喜欢我当成要求和标准。

写文章之后，这一点就更加突显，虽然大多遇到的是支持和肯定的声音，但也遭遇过直接表达不喜欢的声音。因为大家都隐藏在网络背后，所以有些语言蛮尖锐蛮刺耳，最严重的时候遭遇过人身攻击，连带对我家人的侮辱和谩骂。

我反省过，一些确实做得不够妥帖的地方我会改，但在我有限的认知范围内，并不认为自己伤害或者攻击过他人，也没犯过上升到大是大非的错误，可还是有人不喜欢我。

有时候跟朋友聊起这个话题，他们说：你可以反驳啊，写文章或是直接回复他就可以了啊。是的，非常简单，只要动动手指我就能回应，甚至可以讨个说法。但大多数时候，审视了对方说的话和自己之后，除了表达歉意以外，我保持了沉默。

如果我把时间、精力、情绪花费在跟不喜欢我的人继续解释和争论上，势必减少了我跟其他人的互动时间，向我提问或者喜欢我的人更需要我的关注。

有那时间，我跟其他读者深入探讨问题不好吗？我陪我妈看会儿

电视不好吗？我去想想我的终身大事不好吗？

　　每天与不喜欢你的人纠缠，这种不被喜欢的低落更难摆脱。所以不要恋战，把你的人生花费在值得的地方。

>>> 坦荡荡地相处

　　最后还是想说说行为层面上的互动，因为有时候我们的确无法在现实中杜绝跟不喜欢自己的人相处。我不建议你直接告诉对方：我知道你不喜欢我。因为即便他真的不喜欢你，大多情况下，他也会因为内心的防御或避免尴尬而不承认。并且，这样直接地提问，会让对方觉得你准备还击或者认为你也不喜欢他。

　　所以，换种方式提问或表达吧。你可以问问对方，问他希望你怎么做，或者他觉得你哪里可以有一些改变。这样的方式相对温和，给彼此台阶下，而不是直接让两个人陷入情感上的对抗。

　　但沟通和提问并不代表对方说什么你都要做出改变，从对方的答案中找到合理的、客观的、可以调整和改善的部分，在不影响自己利益的前提下做些让步和妥协没什么不好，但不能放弃自己的原则和底线。

　　也不要以取悦的心态急于改变他对你的看法。退一步讲，他已经不喜欢你了，更恶劣的不过是不喜欢的程度加深而已，你畏手畏脚做什么呢？坦荡荡地做你自己就可以，做到你能改变且不委屈自己的那部分，剩下的交给缘分吧。

毕竟我们跟不喜欢自己的人一样，也会不喜欢他人，不是吗？所以，尽人事，其他的不要勉强，勉强别人也是难为自己。你能接受自己不喜欢别人，且能给自己找到不喜欢的理由，那么对他来说，情况是一样的。

其实，能从不喜欢的人身上看到的不仅是自我，还能看到对方身上折射出的人性。更深远点讲，这些人让我们看清了这个世界。掌声和赞美并不总是围绕在我们身边，也有人给我们喝过倒彩甚至扔过鸡蛋，不正是因为这些不如意的，才让我们对每一点如意表示肯定和喜欢并更加珍视吗？

早年我喜欢范晓萱，不是那个唱《我爱洗澡》和《稍息立正站好》的小"萝莉"，我喜欢的是不愿维持自己不喜欢的形象之后酷而洒脱地唱自己想唱的、表现自己想表现的那个范晓萱。你看，我也没有喜欢全部的她，但这并不影响我尊重她曾经有过的经历。

范晓萱说，自从她转型，很多人不再支持她，但她说"我喜欢被一小部分人喜欢的感觉"。

多年之后，即便她已经淡出公众视线，我还清晰地记着这句话，能被一小部分人哪怕是一个人深刻地喜欢着，已经很幸福了。

除了珍惜，我想不到更高贵的词语来对待我们得到的喜爱。除了和解，没有更合适的方法来面对我们所得到的"不喜欢"了。

世界上最伤人的三个字是"不用了"

《奇葩说》节目曾经讨论一个话题：不给别人添麻烦，是不是一种美德？

这个话题其实挺大，不仅仅讨论好友、恋人、亲人之间，"添麻烦"这个问题往更深的层次里讲，其实是一个关于独立和依赖的选择问题。

倒退五年甚至更久一点，我一定斩钉截铁地支持保持独立，一定不要给任何人添麻烦，生活中我也是这么做的。

恰好这几年倡导女性独立自主，我身边也崛起了不少自强不息的新女性，我们为自己有这样的品质而感到骄傲，甚至鄙夷那些会撒娇寻找依靠的小姑娘。

但这几年渐渐成熟了起来，我发现过分强调独立往往导致矫枉过正，好多人不会依赖了，生活过得越来越疏离，跟周遭人的关系也越来越紧张。

过分独立这件事其实是充满危险的。过分独立否定了跟他人建立紧密联结的可能性，剥夺了别人靠近你的权利，甚至滋生出高傲和不可一世的心态。

曾经有个朋友半开玩笑似的跟我说，你哪儿都好，就是太独立，你这样就是不给别人机会啊。当时我不肯承认他说的话对，甚至把他的想法看成极端，认为独立比依赖高级多了。

后来，我在这件事上有了感性的体会。

有一任男友对我说，我说的最伤人的三个字是"不用了"。我加班，他要来接我回家，我说不用了；当时工作太忙没时间去超市，他让我列清单他去买，我说不用了；到了换季的时候，他说我陪你去买新衣服吧，我还是说不用了。

我并不是不喜欢他，我喜欢跟他在一起，但心里一直别扭地认为，这些事我明明都可以自己做啊，需要他为我做事显得我无能。

当时我理解不了他的心情，直到后来发生一件事。

一个冬天的晚上，我临时有事出门。偏偏我下午出门在冰上滑了一跤，脚疼，出门只能打车。更不巧的是下午出去现金花完了，当时还没有网上叫车支付的业务，我只能走很远的路去银行取钱再打车。刚下过雪，那段路非常滑，我害怕再摔跤。

我试探性地给男朋友打电话。问他能不能送我一趟，电话这头我诚惶诚恐，很担心他不方便又觉得我麻烦，没想到他立马答应。

那天送我的路上他很高兴，说这是我头一次主动向他提要求，他头一次觉得自己非常有用。那天冰天雪地，车不好开，但是他一句怨言都没有。

他说因为那个电话，他觉得我们之间的关系拉近了，我开始把他当成一个重要的人了，开始依赖他了。

打那之后，我试着在独立和依赖之间找一个平衡点，不再过分强调独立，也不想陷入另一个极端——过度依赖，因为任何事情"过度"，都将变得充满压力，失去弹性，是违反平衡的。

我很难用具体的标准去衡量什么是适度依赖，但那种状态是可以描述的：良性的适度依赖是既能自处，保留自我意识，又能在与他人联结的时候感到融洽和亲密，当有需要向他人求助的时候，充满感恩，能享受他人的帮助，并不为此感到内疚和自责。凡事从"我们"的角度来思考，而不是处处强调"你""我"。

适度依赖是一种能力，它跟我们婴幼儿时期的依恋类型有关。

>>> 过于独立的人属于回避型依恋

他们虽然渴望依赖他人，但是会选择冷漠和疏离，回避与人建立联结，本质上他们是想用独立来证明自己的价值，试图打破从小形成的"我不值得被关注"这样的认知。

>>> 过于依赖的人属于焦虑型依恋

他们容易产生分离焦虑，安全感的来源就是他人的陪伴和抚慰。他们有一个脆弱的自我，会试图"寄生"在他人身上。

>>> 适度依赖就是安全型依恋

他们可以很好地独处，也愿意信赖他人，并不会把自己的价值定义于是否有人亲近和依赖。

良性的适度依赖是非常有必要的，它意味着你在跟他人发生交互关系，让你们真正参与到彼此的生活中，深切地卷入关系中。

心理学中做过比较，两个人共同完成的事情越多（即便中间出现过争执），他们对关系的满意度越高，对彼此的评价也越高。

这是因为，在协作共处的过程中，人们投入了精力和情感，这无疑有利于他们更积极地看待关系。

很多人不想依赖他人，除了源于早年形成的依恋类型，也会有一种现实的担忧：寻求帮助或与他人协作是不是给别人造成负担？

虽然客观上来说是给对方增加了一项任务，但是这个任务背后展示了你对他的信任，也给对方一个展现自己的机会。如果是关系亲近的人，他们透过你的"依赖"重新认识自己，会变得更富有动力和价值感。

也不必担心这种依赖仅是单向的，你的信任换取对方的信任，他也会愿意增进与你的互动。最终，你们之间会形成彼此依赖的关系。

有几件事可以让你找到让双方都舒适的良性依赖状态。

>>> 多沟通多交流

依赖的前提是你们的关系有一个向彼此开放的态度，当两个人在自我暴露方面进行得很充分的时候，才更容易坦诚和开放地面对彼此，也更容易产生相互依赖的情感。

情感是催化剂，它能催生一些亲近的行为，比如求助，比如协同，比如提出一些合理的要求让对方去为你做一些事。所以，想要产生依赖，一定要在精神交流的层面打下基础。

>>> 适度示弱

这种示弱并非要你刻意为之，我相信任何人都有脆弱的一面，只是有些人掩藏了起来，不愿示人。

依赖是一副铠甲，当你愿意在亲近的人面前展现你的脆弱，用真实的面目面对他时，才能激起对方渴望被你依赖、渴望保护你的欲望。

这有利于你们之间打破彼此疏离的屏障，脆弱是一个突破口。

>>> 尝试一起完成需要协作的事

有人对依赖这件事存在一种偏见，好像依赖是一种低姿态的完全仰仗对方的行为。其实，真正建立起相互依赖的关系后，谁帮助谁多一些，谁为谁多做一些，不再那么重要了，因为两个人会渐渐形成从"我们"的角度思考问题，而不是过分区分"你"和"我"。

所以，依然不敢确定是否可以依赖的时候，先试着多去协作，比如一起做饭，一起拼装家具，在这个过程中会感受到你们是彼此需要的，是可以一起将事情完成得更好的，形成了融洽的氛围后，提出一些要求便不再那么难以开口。

>>> 主动提一些合理的小要求

两个人过分独立地相处，会渐渐变得疏远，因为似乎你们并不需要彼此，何谈依赖？

偶尔提出一些要求和希望，让对方为你做一件事，会让他觉得自己有价值，你对他有需求，你们的关系在靠近。

>>> 开诚布公地讨论你们所希望的相处方式

关于适度依赖的"度",并不是绝对的刻度,而是因人而异的。找到最适合彼此的相处方式,除了在磨合中摸索,也需要两个人坦诚地讨论,建立一个适合你们相处的模式,找到一个折中点。

建立良性的依赖关系,绝对不是只适用于恋人或朋友之间,亲人之间也需要。你们既是独立的个体,又有真正的联结,这样才能长久地维系感情。

我想,人与人之间就是靠着相互羁绊,生长出枝藤缠绕的情感,才能一起面对生活的艰难吧!

有多少人真心希望你过得好

　　我的一个闺密离婚了。女人三十离了婚，总会有人在心里叹息，她真可怜。这个冬天，纷至杳来的关心和打探比窗外的雪还绵密，节日的问候不过是虚张声势，话语的背后皆是感慨和唏嘘。

　　有人详细询问离婚原因，有人忙不迭地介绍相亲对象。有人说："以后你可怎么办啊？"还有人说："我知道你很难过，想哭就哭，想发泄就发泄，别憋在心里。"

　　当事人不过难过了几天，吃瓜群众们却给自己加了40集的戏份。

　　闺密坦言，这个春节没过好。父母不说不笑，亲戚们也苦着脸，朋友们相聚也不敢过分热闹。她本来觉得离婚没什么，两个人价值观相去甚远，好聚好散是最好的结局，却没想到，其他人都视之为一场人间悲剧，谁也不相信她能轻松坦然地面对离婚。或许在他们眼里，闺密就该泪眼模糊人憔悴，被击垮，被打败，即便她好端端地坐在人前，也会被认为是强颜欢笑。

这阵仗生生逼着人做戏，演一场人人都觉得理所当然的苦情戏码，他们才能鼓掌散去。可哪有那么多理所当然？你以为的情节未必就是他人的人生路线，遭遇点挫折怎么了？照样有人爬起来奔跑，活得更漂亮，可他们就是不信。

在他们看来，人生是有公式可以计算的。如果已知条件里有已婚、已育、有房、有车，再加上一个铁饭碗工作，那么这些条件加减乘除，无论怎么计算，得出的答案一定是幸福美满。反之，少了其中一项，都只能叫凑合。若是已知条件一个不具备，那等号的另一边就四个字——"天灾人祸"。

我闺密的离婚事件在他们看来，就是拿着一手好牌却输了个精光，还有什么未来可言？输了这一仗，甭想再翻身，即便是再努力站起来，也不过是勉强让自己的姿态不那么难看。他们虽然会口口声声安慰她、鼓励她，但心里早就有了定论：你很难再幸福了，你以后很难过得好了。

我问闺密：你怎么看？她说，我现在就像被人赶上了舞台，举手投足都有引申含义。我不发朋友圈，别人问我是不是太难过；我发朋友圈，人家说你这条内容很悲伤；我打算出去旅游，人家说去吧，旅行可以忘记过去；我"宅"在家，他们说，我们能理解你不想面对外界的心情……

　　"别人的反应比离婚本身带给我的压力更大。那种感觉就像我刚要走出阴霾，还是会有人提醒我说快回头看看阴霾还在，有的甚至像要把我赶回阴霾里再悲伤几次。"闺密这样说道。

　　人活在这世上，逃脱不掉别人的眼光和评论，我不劝任何人不要在意，我只说，首先你要过得好；其次，你得学会分辨。

>>> 纷纷扰扰的声音中，的确有一种是并不希望你过得好的

　　看看影视文学作品里的各种人设，容易博得好感的往往是那些出身艰苦一生劳顿的可怜人。明明很努力却总是不得善果，集天下之苦难于一身的人虽然输了人生，却赚得最多的眼泪和感慨。因为他们过得不好，相比之下，围观者才能发觉自己的点滴平凡多么可贵。要活下去总得有点动力不是？只可惜他们往往不会从自身汲取力量，只能通过窥探他人的不幸获取些许平衡。

　　那些"逆袭"的人假如是在电视剧里，尚且可以算作励志的典范，因为虚构而遥远，普通大众更多的是心生羡慕。可一旦这样的人就扎根在自己的生活里，就会变成一根眼里的肉刺，看多了便觉得生疼。嫉妒的火在烧，内心不平的烟火在缭绕，因为你的好突显了他们的不如意，所以他们才一厢情愿地给予安慰。在你看来这是多余的，

但对他们而言，只是想在心里拉近你们之间的差距，用你遭遇的苦难提醒你：其实你过得不好，不用勉强假装，我们都一样。

这些人往往不专心于向内求索，只习惯对外发泄，人生中的平衡感永远取决于他人，衡量的标准只有一条："如果你过得没我好，就意味着我过得好。"而社会比较的对象，永远是不停下探的，过得越糟越有可能成为他们信手拈来的比较对象。一旦你走出低谷，他们或是悻悻地说些风凉话，或是选择性地无视，用不了多久就会远离你的人生，寻找下一个可以用来比较的猎物。

>>> 还有一种声音，其实并不是真的关心你过得好不好

他们只是用根深蒂固的腐朽价值观禁锢自己，也禁锢别人。他们习惯于用老旧的想法看待一切问题，倾向于标签化他人。解决问题时不会调用智商和情商，有几个万能公式就够了。

比如，"离婚的人就是失败的""年薪五十万以上才是事业有成""女人有了孩子才是人生完整"，诸如此类的定论就是他们判断人和事的方法。他们并不关心你到底过得怎么样，他们只是在自己构建的荒谬理论里定位你的人生。你的人生是否是一场盛宴并不重要，于他们而言，能在他们的盛宴上消费你的人生，就是你存在的全部意义，仅此而已。

当然，我更愿意相信大多数声音是真切希望你过得好的，只是往往不得表达的章法。

>>> 想关切，想抚慰，想鼓励，只是没摸准门道

他们往往是姿态迫切，想要追根溯源，表达欲望大于倾听欲望的。因为更关注事情消极的一方面，所以也会拉着你一起在那条路上越奔越远，即便无意消费你的苦难，但过度的关注会转化成压力，手捧鸡汤想要给你温暖，但是这碗鸡汤太烫。

不是所有人都懂这样一个道理：苦难的路终究需要一个人走完，这是一场淬炼，从遭遇伤痛、正视伤痛、修复伤痛到在伤痛中强壮自己，每一步都是一种成长。他人的帮助和关怀抵消不了这个过程的任何一步，给得太多反倒有可能成为伤害和阻碍，因为忽视了他的自我复原力，不让它萌芽长大，在他本可以从伤痛中获取新生的时候却一厢情愿地给了他过度的保护。看似可以急速跳跃性地跨越伤痛，但其实这并不意味着征服，而是使他放弃了一次自我升华的机会。

九九八十一难，每一难都有它存在的意义。既然不能一路代替他打怪通关，不如放手让你关心的人用自己的方式走完这段心路，不必过多打探去路，不必每一点曲折都替他落泪，更不必时刻奉献打鸡血式的鼓励。你能做的是在他说疲惫的时候借个肩膀，他说压抑的时候畅谈一个晚上，他过得好的时候祝福，且是真心实意的。

　　其实，无论是哪种声音，是真切地盼着你过得好的，是并不在意你到底状况如何的，还是并不希望你过得好的，都不过是成长路上的伴奏而已，背景音乐改变不了你的方向，你要争取的是无论是顺境还是逆境，无论他人如何，你都得过好自己的生活。

　　时隔一年有余，闺密即将离开北京去上海的公司总部发展，升了职，加了薪，生活也有了自己的节奏。即便如此，依然有人问她是不是在北京过得不好，所以才要离开这个伤心之地。

　　我再一次问她：你怎么看？她说我无须再向谁说明，因为我自己已经毫不怀疑我过得很好，并且正走在过得更好的路上。

原来每个人都不是你看到的那个样子

>>> 1.

　　我的好朋友、主播小姐前几天跟我说：将军，那个谁谁谁跟我"吐槽"你"高冷"，我跟她说你才不"高冷"呢，你是个"逗×"。

　　这样的"吐槽"我已经习以为常，从小到大对我类似"高冷"的评价数不胜数，当然，跟我转述这些话的人都不这么认为。

　　我曾经也琢磨过，我哪里"高冷"了？要不要改变一下显得更有亲和力？我试图"矫正"，不过最别扭的是自己，我是一个十分看重边界的人，确实没办法在不了解彼此的情况下"自来熟"般表现热络和亲昵，索性作罢。

有人愿意给我贴上"高冷"标签，或者因为这个标签有不好的评价，我也并不觉得可惜。别人对我们的印象，并不都是准确的，而且每个人看到的未必是一个人本来的样子。

>>> 2.

我接触过的朋友，相处下来会发现一个现象：他们往往跟我最初的印象不一样，或者最初印象不过是单薄的碎片，越了解对方，越会发现他有意想不到的特质。

我以前写过我的闺密鲁小姐，熟悉的人都知道我俩关系要好，但不知道我俩建立起友谊的过程。

初次在活动上见面，她上蹿下跳地闹腾，我"面瘫"得像具蜡像，对彼此的嫌弃不用多说，一个眼神全部暴露内心所想。成为好友后，我俩回忆起第一次见面，都坦言给对方的印象是负分，倒不一定是真的表现恶劣，不过是不符合我们期待的样子，所以恨不得此生再也不相逢。

或许是天意，此后我们见过第二次、第三次……就这样一点点抹掉第一次的差评，我们发现彼此身上有不少吸引人的地方，竟然全然不顾当时有多讨厌对方，渐渐成了闺密。

也遇到过朋友的不解，我们总会为对方辩解几句："她不是看上去的那个样子啦。"次数多了，也就相视一笑再不多言。误解总是难免的，但是见过彼此最脆弱的时候，抱头痛哭过的我们毫不怀疑在彼此心里的位置。

如果没有把第一次见面的印象封印起来，我们怕是这辈子只能成为敌人，永远没有成为朋友的机会。

还好，我们敲碎了表象，愿意去靠近更真实的彼此。

>>> 3.

这层表象，就是每个人都有的"人格面具"。我们并不总是时刻表现出真实的自我，有时囿于环境差异，有时囿于对象的不同。我们需要这层面具的保护，它带给我们游刃有余的安全感，让我们在不同情境下能更快适应和融入，并且感到舒服。

我曾接待过一个咨询来访者，她有精致的着装和妆容、得体的沟通方式和表现，一眼看去就知道她是一个职场精英，干练强悍。但是，每次走进咨询室关起门来，她转瞬就从职业微笑切换成一脸愁容，在咨询的前两次，说上的话不超过十句，她像个孩子似的哭个不停，偶尔跳出自己的情绪看着我的时候，也会像怕我怪罪似的强调："其实我平时不是这样的，我从不在别人面前哭，我总是表现得无懈可击……"

她没有骗我，成熟坚强是她的人格面具，那个咨询室以外的她必须全副武装去迎战生活中的各种困难，所以别人眼里的她可能永远是一副精神抖擞毫不畏惧的样子，但这并不是全部的她，她的面具背后隐藏着脆弱慌张。

我们每个人都是这样，人前人后判若两人，把不适合展现于人前的东西妥善收好，在某个独自面对自己的时刻才肯摘掉面具，让个性中被压抑的部分舒展和释放。

那个你以为是工作狂的女同事，不过是想快点加薪，家里还有重病的老母亲要养，白天独立坚强，回家在病床前抹泪；那个你羡慕的"富二代"，人前潇洒不羁出手阔绰，可你猜不到他根本没有交心的好友，你入睡的时候他还一个人痛苦无人诉衷肠；那个在你身边总是没心没肺的"傻白甜"女朋友，说不定比你更早尝到人生的苦楚，承担着弟弟妹妹的学费，肩上的负担比她的笑容沉重百倍。

你看到的未必就是真实，你以为的也不过是你以为的而已。

>>> 4.

而一旦人格面具戴久了，或许自己都不太习惯看见自己最真实的一面，我们越来越适应外部世界的各种情境，在人前越来越游刃有余地表演别人需要的样子，有时甚至把这层表象误以为是真正的自己，这是一种无奈。

更何况，人格面具从来不止一个。

面对同事、家人、朋友、爱人、陌生人、敌人，面对工作、聚会、约会、谈判、交涉，每一个不同的人，每一个不同的场景，我们的内心都有一种预设，该表现怎么样的自我，该说怎样的话，都有它该匹配的剧本。

就像不同场合适合不同着装，我们挑选着合适的衣服，也挑选着合适的人格面具，这是"社会化"的过程必不可少的一步。

以前有人问我：将军，我是不是人格分裂？有时候话特别多，有时候一句话也不想说，在人前特别开朗，但私底下很闷，跟很多异性朋友相处自如，但遇到喜欢的人紧张羞涩得一句话都说不出。

类似的疑问，可能每个人都有过，因为总是在不同的人格面具下切换，我们对自己会有些茫然，究竟哪个才是真正的自己？我们当然期望自己是独当一面的那一个，但不可否认的是，谁没有过觉得天快要塌下来的那一刻？

人心是比宇宙还浩瀚的地方，而人的复杂性远超任何科学，它没有公式可以计算，也没有精确的工具可以测量，我们都是在一寸一寸地体验自己人格中的维度，将其比喻成盲人摸象也不为过。个性有很多面，它是立体的、富有弹性的、充满奥秘的。

说到分裂，每个人都是分裂的，那些不同的人格面具有时互相排斥，有时互相依存，但正是这些或素淡或浓重的面具，构成了我们人格的全部，让我们不至于在面对人生时只有单一的一套"打法"。

>>> 5.

推己及人，如果你能看到自己身上的多面复杂性，对待他人便会有不一样的宽容眼光。

我经历过与他人怒目相视的时刻，但想到这双眼或许对他人温柔如水过，刚要燃起的愤怒就悄悄熄灭了；我也担心过疲惫困顿的身影，但我相信这只是停顿，总有些力量会支撑他走下去，所以会用鼓励替代心疼；而那些看似放荡不羁的灵魂，也总会有珍视、在意的人和事，便不再羡慕他表面的轻松和无谓了。

我们看到的只是对方转瞬即逝的身影，那个人却经历了无数个人生厚重的瞬间；我们看到的只是一个人的一面，而这个人其实跟我们一样，不过是在诸多人格维度中展现了其中之一罢了。

人们总是习惯在不了解对方的时候，就用一些标签和自以为是的评价为对方打上烙印，还往往以为这就是确定的真实。用这种似是而非的"确定性"否定所有的可能性，或许才是人与人相处的最大障碍。

有时候，不是命运缺少安排，也不是缘分太浅，只是你没有给别人时间和空间展示更丰富真实的自己，所以才让自己也错失了机会。

又或者我们习惯了面具的存在，也快忘记了在别人靠近的时候松动和敞开自己的内心，给他一个走进自己生活的机会。

原来，每个人都不是你看到的那个样子，原来，我们都需要一个真正认识彼此的机会。

我对你的礼貌，不是你以为的暧昧

有一个女性朋友问我一个问题：那个谁"撩"过你没有？

"那个谁"是我们共同认识的一位男性朋友，有工作交集，但我跟他确实谈不上相熟，细细回顾了我们的交往过程，我们连面都没见过，平时的微信交谈都比较正常。我回答：没有。

我反问：怎么想起问这个？

原来是我的这位女性朋友听说几个我们共同认识的姑娘被这个男生"撩"过，其中几个还被他约过。

她总结一句：贵圈好乱。

贵圈贱圈没有不乱的，想来这种乱也属平常。男未婚，女未嫁，大把光阴一个人荒着也是荒着，在有限的朋友圈里探寻无限的桃花可能，也算说得过去。但这种转着圈调戏的方式的确让人觉得可憎。感觉就像要去超市买菜充饥，看看鸡肉价格合适不，不合适，我再看看猪肉新鲜不，里脊卖完了，我就再看看白菜吧，咦？好像西兰花今天特价呢，要不要买点？

这件事上升不到道德的高度，很难不让苍蝇围着人转，除非消灭它，否则很难让苍蝇改变本性。

但这件事不是没有升级恶化的可能，就比如之前备受关注的某报社女实习生被强奸这件事，故事的开端本质上不过是苍蝇觅食，只不过不把它赶跑，它就变本加厉。

且不说性骚扰乃至强奸这种刑事犯罪，毕竟它属于道德和法律能审判的范畴。有一类事情，我把它称之为"礼貌和暧昧的龃龉"，没办法准确地定性它到底该被称为什么，站在哪一方的角度来看会产生不同的立场和视角，因为界线太过模糊，且每个人的评价标准都不一样。这种感知差异，以男女之间的尤为显著，大多数时候女生以为的礼貌，往往会被男性以为是暧昧。

讲一件发生在我身上的事情。

前年，我被朋友邀请参加一部电影的首映礼，因为门票有限，我只能自己前往。观影的时候，我旁边坐了一位男士，也是一个人来的，看电影的时候他三次跟我搭讪，都是讨论剧情。出于礼貌，我三次都用"嗯"来作答，但内心是有点反感的，一是不喜欢看电影时讲话，二是觉得跟陌生人在电影院相识多少有点轻佻。

观影后，他问我：你也是被陈姑娘邀请来的吧？我也是。说着话还把陈姑娘拽到了我们中间，当着她的面做了自我介绍，最后表示想加微信以后多交流。碍于陈姑娘的面子，这微信没法不加。

之后的故事你们一定能想象到，这位加我微信的王先生频繁发信息给我，但挑不出什么错，都是大讲特讲他现在做的影视公司、对电影的点评，后来还不停夸奖我的文章写得好，让他受益匪浅，有时也会问我：你看这个项目咱们能不能合作？

直觉告诉我，来者不善，目的不明，甚至可能就是调戏，但从字面来看，真是挑不出一点问题。当时，我内心有个声音劝过我要以开放的眼光看世界，每个人表达的方式不同，或许过于热情了，但没有明显的证据说明人家心怀叵测啊。

的确是这样，在这个复杂的社会想建立友情、合作，尤其是男女之间，并不总是那么容易的，彼此要不停地试探和确认，要放下男女之间的胡思乱想，要厘清自己的感觉和认知，才能勇于踏出那一步，因为狭隘和多疑而放弃一个机会，是对自己的局限。

一番思想斗争后，我很认真地答复合作的问题，也谈了一些自己的想法。我感谢我迈出的这一步，因为这一步终于让我看清了这个人的真实目的。王先生对于我提出的合作细则没有丝毫回应，却表达"合作不是关键，只要咱们谈得来，朋友之间的合作是必须的""你最近什么时候有空，我们见面聊聊吧"。

这位先生的暧昧意图是昭然若揭的。如果真的有合作意向，应该在双方对于这件事有一致的看法和态度的基础上才会考虑见面沟通，大家都这么忙，谁会跟不太可能的人见面拉家常？更何况，人家说了，他更看重是不是聊得来。

我的礼貌就这样被他当成了暧昧的可能，当成了我愿意接招的表现。对方估计在屏幕后头窃喜呢，但于我而言，我感受到了羞愤，我的尊重没有换来对方的尊重。

这件事发生之后，我跟陈姑娘见过一次面，我旁敲侧击谈到了王先生，虽然没有完全还原我的遭遇，但看到陈姑娘尴尬和无奈的表情，还有她看似轻描淡写的评价，我明白了，王先生估计是位惯犯了，以讨论工作和寻求合作为由，看看到底有多少姑娘会上钩。

这绝不是我生活中的特例，也绝不是姑娘们生活中的意外，从二十岁到三十岁，这种来路不明的调戏、勾搭、示好和骚扰从没有偃旗息鼓过，这跟你的年龄、阅历、性格等都没有必然联系。如果对方是个不懂得尊重你、不会诚意跟你交往的人，你说什么、做什么，出于什么样的原因，都会被误解成廉价轻佻的迎合。

这类人该拒绝拒绝，该远离远离，但我不会因噎废食，即便遇到了别有用心的人，也不过是提醒我们少摔一次跤，少头破血流、鼻青脸肿一次，生活里依然有真实自在的异性交往。

我有很多关系要好的异性朋友，他们开阔了我的眼界，从理财投资到科技圈趣事，从创业法则到养宠心得，这些我不了解的领域都是他们传递给我新的见闻；很多共鸣和奇思妙想也是来自跟他们的交流，我们碰撞出火花，给我生活带来了乐趣和精彩。即便退一万步讲，就我的酒量而言，能奉陪到底的大多也是异性好友。

所以，我从不吝啬给予异性友谊，我也愿意以开放的心态去交友，虽然偶尔会有基于男女之间暧昧不清的疑虑，但它们很快就会烟消云散，因为一个真正想跟你建立长期纯粹友谊的异性，势必给你配得起这份感情的真诚、尊重、理解以及相对清晰的界限。

好的友情是可以给你安全感的，异性之间的友谊亦然，无须患得患失，无须顾虑重重，跨越性别，大家都能坦诚地敞开心扉。

而对于那些打着交友、合作的幌子却想搞暧昧的人，无论男女，手段都不够高明。没有诚挚的心意，即便过往的套路铺得再远，总有被认清识破的那一天。我把他们叫作"自我意识过剩症候群"，他们过于看重自己的存在，甚至把自己的魅力无限放大，总觉得自己的想法可以影响到他人，稍施手腕就能得逞。他们的"喜欢"和"调情"都太过轻易，不分对象和场景"作案"，征服别人并不是他们的目的，他们只想在这个过程中证明自己罢了。

这样的人很平常，这样的事情也很平常，但平常不等同于正常，陷入这样"不正常"的交往模式中，我们不但被虚情假意蒙蔽，往往也折损了自己的真心。

为了避免以后经历这样的事，首先你一定要放弃自己的侥幸心理。当你感觉到这个人别有用心，当你察觉一些另有他图的蛛丝马迹，请提防起来，不要再更进一步地接触。不要怕对方套路深，也别担心自己可能失去一个好机会、一位好朋友。因为好机会不是靠别人上赶着给你的，一个好朋友也从不是一开始就摆明了架势告诉你跟他交往是有利可图的。

关于具体注意事项，我想分享五点经验。

第一，对方过于频繁和绵密的主动交流就是警示。无论他交流的内容是什么，太过迫切都是急着让鱼上钩，用压迫感逼迫你回应。这种节奏下，别乱了阵脚。如果你还不能确定对方是什么样的目的，可以继续礼貌回复，但切记少回复，内容也要少。对方发十条消息，你只回复一条，对方打一百个字，你用十字以内的话回复。

第二，不要随意单独见面，也不要答应见面的邀请。当你同意见面，在对方心里这就等同于你默认他的调情和进一步接触，在不了解对方也没有特别的原因需要见面时千万要拒绝。实在有必要见面的话，就在公共场合见面，或者拉上你的朋友一起。

第三，不要急于告诉对方你的需求或难处，否则会给他可趁之机。看准了你的需求，吃透你对什么感兴趣，他便会以此为诱饵，让你不得不上钩。

第四，如果对方特别爱炫耀自己或明确告诉你可以给你什么好处，请慎重看待。所有的正常交往都是你来我往，你一顿饭都没请人家吃过，他凭什么向你伸出橄榄枝？醒醒，掂量自己在什么位置，想想他真的能给你什么，你又凭什么无缘无故捡了一块肥肉。

第五，如果对方已经露出马脚，告诉他你已经有恋人或者不喜欢暧昧关系。大多"自我意识过剩症候群"患者不会找特别难的任务，知道你是块难啃的骨头，他就会自己先撤兵。

我们很难阻止这些苍蝇围追堵截，更没必要因此而苛责自己举止不当，虽然礼貌和尊重未必能换来相应的对待，但用真诚佐以智慧，终会遇到跟我们一样的人。

远离那些有"暴恶癖"的人

日本作家山本文绪写过一个故事叫《涡虫》，女主角小仓患上了乳腺癌，虽然检查之后没有危及生命，但还是切除了一侧乳房。

那之后她在生活中忽然多出了一个习惯，那就是时不时以"涡虫"的故事做引子，跟别人讲起自己生病的事。她搅得聚会气氛骤冷，让陌生人听后不知所措，更让一直陪在身边不离不弃的男友豹介越来越厌烦。

小仓其实真的是个蛮可怜的人，二十六岁的她本应该享受着青春好时光，但突如其来的癌症让她陷入了病痛，身心受到折磨，当时交往的男友被吓得逃之夭夭。但她并不是惨得一塌糊涂，新男友豹介陪在她身边，父母也一直疼爱她，最终她逃脱了死神的魔爪，生活完全可以继续。

可惜，跟我们读过的励志故事不一样，在死亡边缘走一遭的人并没有因此变得豁达和乐观，更没有放下过去这段不愉快的经历勇敢向前。即便别人拿她当一个普通人对待，她却总是看似漫不经心地告诉对方自己惨痛的患病经历。

男友豹介说小仓有"暴恶癖"，不分场合和对象，暴露自己的心酸病史，一次两次倒还好，但时间长了，真的很让人尴尬又烦恼。

所谓"恶"，故事里没有详细说明，但我想它指的是隐疾或者伤痛，这其中还有着那么一点"丑恶"的意图。

这种丑恶的意图到底是什么呢？

小仓的男友豹介说："事情不都结束了吗？病已经治好了，你不再是癌症患者了！要拿它当幌子到什么时候？你是不是觉得就这样一直不工作，等着嫁给我就好？求求你别这样了。"

《涡虫》的故事让我想起一个人——一位前同事。

当时我初来乍到，完全不了解部门情况。有一次吃饭的时候，一个平时很健谈的同事却异常沉默，她只吃了一口就放下筷子对着一碗面怔忡。我问她怎么不吃了，她抬起头满含热泪地说，这碗面让她想起了她的前男友，跟他做的味道一模一样。我原本以为她只是还没从失恋的阴影中走出来，谁知道她接下来爆了猛料，她前男友意外出车祸已经过世了。当时我有点慌张，在人来人往的喧闹食堂——场景不对，对着一个我非常不熟悉的新同事——人设不对，我该说点什么好呢?

我观望了一下一起吃饭的几个同事,她们就像没听见,继续埋头苦吃,气氛尴尬呀!我隐约觉得不对劲,只能递给她纸巾,并说要不我去帮你买一份饭吧,安慰的话都被我咽回了肚子里。

后来这样的情况频繁出现,有时候还发生在工作时间,比如一起加班的时候她会在群里扔出一句:"昨晚没睡好,梦到我前男友了,今天很累,我先走了。"比如工作中出现失误的时候,她会道歉但紧接着一定抛出个跟前男友相关的理由,要么是"前几天是他的祭日,我状态不好,所以出现了疏漏",要么就是"前男友都走了,我生无可恋"。

最开始的时候我搞不清状况,对她还有一种忧虑和可怜的心情,也默默帮她完成过她分内的工作,但时间长了,我渐渐理解同事们的态度,工作场合就是应该公事公办,谁都有麻烦和难处,像这位同事总是搬出自己的可怜之处,只会让人心生厌烦。安慰她吧,同事的身份加上工作场合好像并不合适;不闻不问吧,又显得我们冷血,毕竟她的确遭遇了创伤。

我不知道她在生活中是不是也是如此,从不考虑场合与对象,随时可能喋喋不休暴露自己的"隐疾",但工作场合下这种"暴恶癖"的确有些图谋不轨,因为每次需要她承担工作的时候,她都会使出这一招来逃避责任。

我们在电视新闻曝光受害者信息后通常会说,请给他们一些保护,不要过度关注,不要在网上非议,因为这样做是在消费他人的苦难。

但也有这样一种人，他们乐于消费自己的苦难，并试图用苦难换取他们需要的一切——由同情和怜悯所带来的便利。

他们内心深处清楚"暴恶"的结果——别人会产生同理心，会不自觉地让渡一些不属于他们的权利，甚至合理化暴恶者的不妥言行。这样的人在跟我们玩一个心理操控游戏，利用别人对他们的心疼和可怜，实现自己的目的。

即便有些意图是潜意识层面的，但无形之中，他们的确是靠着这种"恶"生存的。

再说一个我咨询过的案例，来访者小时候因为发高烧未及时就诊患上了心脏方面的问题，大多数时候无碍，但身体状况不好或遇到压力和外部刺激的时候容易发病。据我了解的资料来看，这种病其实对平常生活并无严重影响，来访者也并不是因为得病才来咨询的，他的问题是从小到大跟家人、同学和朋友的关系很不好，他想改变这样的状况。

几次咨询下来我发现，他跟我的咨访关系就是他在日常生活中经历的人际关系的复刻版。每一次我们的交谈无论聚焦在什么话题上，他都会转到他的心脏病上。如果我表现出一丝忽略，他就会加倍大肆渲染隐疾带给他的阴影。反之，如果我表现出关切和好奇，他就会很开心，告诉我这次咨询很有效果。

这是来访者跟咨询师之间的较量，他希望我配合他演出这场心理游戏，扮演一个关注他的人就好，因为这才是他来访的真正目的，不是要解决问题，而是获取关注、理解甚至同情。

　　这也正是他人际关系出现问题的原因，因为他并不愿意与人建立真正的情感联结，他只是想要别人给他关心和便利罢了；而对他周围的人来说，这种用"恶"来操控自己的行为只会抹杀原有的好感和善意，原本可怜的人会变得有一点可恨，让人不自觉地想疏远。

　　《涡虫》那个故事里，豹介对小仓说："别再拿自己的病说事了，再这样下去你真没朋友了。"

　　"暴恶癖"的确是一种病，即便你给予了真正的关切，他们也并不会觉得满足，更是难以体会到情感的真切含义。他们更在意的是心理游戏中谁掌握着主导权，而一旦有一天你试图逃脱，他们会一边觉得受到了伤害，一边反而用"是别人无情无义"的结论碾碎你给过的温情。

　　所以，遇到有"暴恶癖"的人，千万别被拉下水，有多远躲多远。

真正智慧的人都敢表达愤怒

之前跟合作伙伴闹别扭，很多小伙伴替我鸣不平，这么让人生气的事怎么可以就此罢休？我的确没有就此罢休，当天把工作任务完成，第二天与合作伙伴沟通把事情弄清楚，消除了彼此心中的怒气，以后可以继续合作。

很多人想知道这件事我是怎么与合作伙伴沟通的。我们都遇到过类似的情况：跟家人生气，跟恋人吵架，跟朋友一言不合就冷战。生活中真的有太多事情容易激起我们的愤怒，一旦这种情绪冲上头顶，第一反应就是发脾气。

我绝对不会告诉你退一步海阔天空这样无用的心灵鸡汤，毕竟有时候退到世界边缘也没用，你的愤怒还在，你们的关系可能随时崩盘，息事宁人只是一时的，委曲求全持续不了一辈子。我绝对理解这种愤怒，也绝对支持你去表达，但你一定要明白为什么你会愤怒，你又该如何表达愤怒。

我在生活中遇到过包子性格的"老好人"，好像遇到什么尴尬的场面对他们来说都不算是事，被人指着鼻子骂都能赔笑脸。但你要是愿意听他敞开心扉打开话匣子，你听到的绝对是各种苦楚和不易。因为不会表达自己的不满和愤怒，他们就变成了一片苦海，覆没他们全部的棱角和底线。

愤怒就是打破底线和原则，当我们感到愤怒的时候，说明我们被触碰到了内心的一条警戒线，跨越过去将会侵犯自我，所以，愤怒正是一个信号，提醒着我们需要保护。

一个师弟在国外读研，被同门抄袭了毕业论文还提前交稿，他差点因此无法毕业。我说这个人太过分了，真是让人生气。他反问我：愤怒有什么用呢？它变不成毕业论文啊！的确，愤怒无法转化成一个你想要的结果，但放弃愤怒意味着你放弃了底线，放弃了保护自己的权利。下一次再遇到类似的事情，你依然会妥协，假装潇洒，说没事。

长此以往，你会模糊了自己的原则，变成一个可以任意被人挑战和侵犯的人。所以，愤怒虽然听上去跟豁达和包容相悖，但它的积极意义在于它保护我们远离那些可能会伤害我们的人和事，让别人知道我们的底线在哪里。

当然，如果你本来就是一个逆来顺受不断调整自己底线的人，你可以看起来很淡然很豁达，不需要愤怒，那就无须多言。最怕的是大多数人应对愤怒情绪的方式，悄无声息地压抑在心里。

我们从小到大被教育要有涵养、有城府、不喜形于色、平和处事，这些刻板的要求锁住了我们表达的欲望，尤其是对于那些负面的情绪，我们会习惯性地压抑。堆积久了的愤怒就像房间里的垃圾，会散发酸腐恶臭，污染你的内心。别以为它们可以自己清理干净，愤怒会以别的形式或者通过别的渠道散发出去。

在公司跟领导生了闷气，回家便跟家人发脾气；跟伴侣闹矛盾，会迁怒于孩子；更有甚者，我们常在社会新闻里看到，有些人莫名其妙举起凶器刺向陌生人。这些都不是简单的情绪爆发，背后一定积压了很久对他人和生活的不满和愤怒。所以，一个智慧的、心理健康的人一定是敢于表达愤怒、消化愤怒的人。

其实，愤怒虽然很容易被感知，看上去像一种很核心的情绪，其实它不过是一种外显的表象而已，愤怒之下，还埋伏着更为本质的感受。由恋人出轨引起的愤怒是因为我们被伤害，内心觉得自己可怜；被领导指责引起的愤怒会让我们感到自己很没用。这些愤怒之下都是挫败和无力，是跟真实自我相关的更紧密的自我认知。因为价值和尊严被毁坏，我们需要把这些指向内在的感受牵引至向外，试图在这个过程中夺回被剥夺的部分。可以说，愤怒是我们保护自己、重新建立自信和自尊的一种方式。

所以，表达愤怒对自身而言是一种合理的需求，我们在表达过程中疏通负面情绪，也可以避免加深内心的自责和羞耻。虽然这是我们很容易理解的方式，但表达愤怒的障碍还有一部分来源于担心它会影响别人对自己的印象，以及破坏人际关系。

别以为忍气吞声就一定会换来别人对你的好印象或者和谐顺畅的人际关系，一方面你的愤怒没有消解，一定会以其他方式作用于生活中。有可能因为积压的愤怒，你不愿积极跟对方沟通、相处，关系自然会疏远或者引起更深层的矛盾。另一方面，多次的压抑会让对方误解你的底线，不断侵蚀你的利益，把你当作一个软弱无能的人。

正确合理地表达愤怒，其实更有利于关系的加深，让双方建立起以真诚和尊重为基础的真实有效的人际关系。

>>> 一定要注意表达时的语气

沟通的时候，我们不是仅听对方说了什么，也会从语气中判断对方的态度。原本是对方犯错惹怒了你，但很有可能因为你的表达过激反而让自己处于弱势。话要好好说，才会有人听。别因为自己站在更有利于舆论的位置就抬高语调、大声斥责，这样不够体面，往往还会进一步激怒对方，把沟通引向争吵。

>>> 先说一句能拉近彼此距离的话

闹矛盾不意味着全面否定你们的关系，朋友还是朋友，恋人也不能一言不合就分手。在表达之前先用一句贴心话拉近距离，会更容易让对方放下防御，也能促使对方换位思考。

分享一下上次我跟合作伙伴的开场白："两年来，我们一直都是互相支持的合作伙伴，你也是我非常重视的朋友。"

其实，这句话跟我表达的内容并没有直接的关系。但因为这句话，他明白我依然把我们曾经愉快合作的经历以及我们深厚的感情放在前面，我没有忽略他的付出，而我接下来要说的话都是为了我们能更好地合作。

这句话的变体包括先肯定对方的优点，比如，"你一直很关心我""你是一个通情达理的人"，说这话的同时不仅关照到对方的感受，也在无形中平复了自己的情绪。

>>> 讲感受而不评价

我见识过很多争论，最开始还能心平气和地沟通，可一旦有一方先甩出对另一方的负面评价，接下来无一例外会陷入争吵。你一定要明白，你愤怒的是这个人在这件事上的做法和态度，而不是他整个人都让你厌恶。如果你在表达愤怒的时候也否定了对方，这会让你们忽略问题本身而陷入无休止的人身攻击。

"你就是个不考虑别人感受的人""你太无耻了""你有病吧",类似的负面评价都不要说,真正伤感情的不是愤怒,而是你彻底的否定和攻击。

你可以试着讲你的感受,因为对方做的事让你感到伤心、难过、委屈等,情绪会传递,会让对方有可能感同身受,相比直接告诉对方"你错了",讲感受才是让对方真正认识到自己错了的有效途径。

>>> 不追溯过去

我的一位闺密因为男朋友爽约还理直气壮看电影而生气,她描述了他们争执的全过程,最后讲到他们第一次约会的时候男朋友迟到,甚至扯到了男朋友打游戏不上进……且不说她男朋友到底犯了多少罪,单就闺密的沟通方式而言,绝对是一个只会将问题扩大化的巨大"bug"(缺陷)。讨论问题要聚焦眼下,引起你不快和愤怒的事情是什么就讨论什么,不要把过去遗留的问题也拉进来搅局,那些问题过去没解决,怎么可能在大家都不愉快的当口统统解决呢?

提那些陈芝麻烂谷子的事最可能的结局是,你们又增加了一个新的问题,还把过去所有的愤怒重新体验了一遍。

>>> 提需求和建议

表达感受不是重点，让对方道歉也不是终点。表达愤怒也能起到防患于未然的作用，所以最后一定要提出你的需求，下次遇到类似的事情你希望对方怎么做才不会引发矛盾。

拿闺密的事情举例，她可以告诉对方，希望他下次遵守约定，如果实在有不得不爽约的理由，至少先道歉，并且答应以后再陪她去看这部电影作为补偿。这既给了对方台阶下，也指明了方向。

其实，每个人都有自己的底线和不愿被触碰的东西，我们虽然渴望别人不践踏这个柔弱的领地，但确实没办法要求所有人完全了解自己，没办法毫无摩擦就建立起坚实的关系。所以，愤怒是一种试探，也是了解彼此的过程中必然出现的情绪交换，回避它就是对真实人生的逃避，意味着你无法真正跟你的情绪做朋友。

真正智慧的人能够意识到自己的愤怒来源于哪里，懂得合理地表达愤怒，也敢于去表达，因为这意味着我们能坦然面对自己的情绪，也能坦荡地面对他人。

Chapter 04

别过较劲的人生，请保持一点钝感

她们的铠甲不是男人，而是一身本领；她们的武器不是金钱，而是修炼出来的智慧；她们的皇冠不靠别人赐予，她们热爱生活的态度本身就让她们闪闪发光。

做个忙碌的女王，成为一个既有力量又温柔的"gentlewoman"。

不是所有初心都需要坚持到底

曾经收到读者的一段留言：

将军，昨天我翻出了高中时的日记本，读到了我曾经的人生
计划。当时我梦想着毕业去欧洲留学，之后留在当地嫁人，邀请
我最好的闺密当伴娘。我还想做我喜欢的服装设计工作，一定要
建立一个自己的服装品牌，有机会的话还要把品牌传播到国内。

可是后来，大学我没有报考服装设计专业，我也没有留学。
七年后的今天，我在一家互联网公司做电影编辑，单身，跟我最
好的闺密走散在茫茫人海、失联多年……要不是搬家找到这本日

记，我差点忘了我最初的梦想，这才意识到我没成为我想象中的样子，甚至成为了当初讨厌的那种人。

碎碎念的心绪，虽然是写给我的，但也像是在自言自语。读完了她的留言，我陷入了沉思：我是不是也没有成为当初想要成为的样子？我是不是也变成了曾经不喜欢的那种人？

我好像也有过类似的人生计划，想当空姐，想当翻译，想边打工边赚钱周游世界，不想爱上什么人，也不想有人生羁绊，再不济也得找个可以经常去国外出差的工作，见识外面的世界。

结果造化弄人，那些环游世界的梦我早就不做了，我跟过去计划中的那个自己相去甚远。我成为了朝九晚五困在格子间里的诗人，对，就是我曾经最瞧不起的那种人。

"细思恐极"，我差点脱口而出，"我拥有的都是侥幸啊，我失去的都是人生"，矫情到一瞬就要重回十七岁。

好在十多年后，我虽然不再浪漫梦幻，但我成熟理智啊！瞎感慨之前，还是先琢磨透这件事是否值得伤感和沮丧吧。

"没成为自己想成为的那种人怎么办？"这个问题包含一种隐性的假设：没成为自己想成为的那种人就是不对的、不好的，会被唾弃和鄙视的。

真的是这样吗？

你最初想过的生活是否适合当下的自己？你梦想中的样子经过岁月流转，是否依然让你魂牵梦萦？以过去的标准比照现在，不过是另一种形式的刻舟求剑。

留言的朋友没能过上曾经计划好的人生，想必有更现实、更合理的原因。没选择服装设计专业是不是兴趣发生了变化？没去留学是不是雅思没考过？跟闺密失联是不是因为在长大的过程中发现彼此并不适合继续发展友谊？

当我们终于走到眼下这一步，背后早就埋藏了千万重伏笔，每一点一滴都可能变更我们的心意。那个最初的想法没能承受住岁月的变迁，或许早就该被丢弃在风中了，否则会成为人生负担。现如今你想起它，又剧情需要般在内心中升腾出怀念和遗憾，就好像你真的以为这世间什么都不会变。

年纪在变，性格在变，身体在变，环境在变，为什么最初的人生计划不能变？我们成长和进步了这么多年，我们的人生设定也可以成长、蜕变，它也要追赶上你的行走速度，而不是停留在胚胎阶段。

如果一开始它就不是成熟和恰当的，你同样有权力对它挥挥手说再见，继续赶路找到更适合的人生选择。

还记得过去你想当科学家、作家、宇航员吗？那时可能你刚读小学，"宇航员"那几个字都写不对呢。

还记得过去你想一生只爱一个人，跟初恋终老吗？那时可能你情窦初开，爱情是什么还没琢磨明白呢。

还记得你说要成为像马云那样优秀的人吗？那时可能你还大学在读，天天沉溺在游戏里无法自拔呢。

还记你说要坐拥豪宅数座，家里建造无边泳池吗？那时可能你刚走进社会，北京的房子还均价八千呢。

当你一步步跨越那些节点，你会发现过去的人生计划就像痴人说梦，你还要迂腐地坚守它吗？

我曾经也被"勿忘初心，方得始终"所打动，可是现在看来，有时初心无用，甚至有毒，放下现在所得，被执念左右去追求所谓的初心，才是得不偿失的。

失去曾经的初心，其实是一件好事。因为你在放下它的过程中，正在收获其他。我不再做那个旅居的梦了，但是我拾起的是可以给我成就感、让我实现人生价值的工作；我不再坚持孑然一身，但是我得到了被爱和爱别人的美好体验。没有人能把过去的种种全都绑在身上，你选择留下的都有它存在的意义。

虽然错过了灯红酒绿夜的迷醉，但你得到了一夜好眠。

所以，没能成为你想成为的那种人，丢失初心并不可怕，可怕的是你只有失去，没有收获，或者只在意失去了什么，忽略了失去的同时你仍有所得。

过去和当下，旧梦和新生，不过是失与得之间的一次较量，只有你等量齐观，才能达成内心和解。

而我们曾经想守护的，除了梦想，爱情和友情同样有有效期。谁都希望它们长久，恨不得把幼儿园时期的伙伴都留到白头，跟第一个喜欢的人走完今生。

但有的人或许只负责陪我们走过短暂的一段，当彼此方向不同，就此别过，不必牵强，你去你的布拉格，我游我的新西兰，依然会各自精彩。

遗忘过去的梦想，与曾经的伙伴走散，告别爱过的人，并不代表过去的我们慷慨长情，现在却变得吝啬又冷漠。因为人生同样需要新陈代谢，如果不再适合当下，就会阻碍着你的前进，它不过是手里的一捧粗沙，该放就放莫忍它，待淘尽粗沙，留下的才是珍宝。

黄碧云说，生命是你期待莲花，长出的却是肥大而香气扑鼻的杧果。回头想想，没采摘到莲花，没能成为最初想要成为的那个自己，又能如何呢？现在你依然手捧丰硕的黄澄澄的果实，披荆斩棘蜕变成为全新的自己。

最悲凉的是莲花夭亡，而杧果亦非你所愿。

所以，与其纠结没有成为过去想成为的样子，不如想想你是不是喜欢现在的自己，是不是你此时此刻想要的样子，这才是更重要的事。

如果父母反对你的人生选择，你该怎么做

最近身边发生了几件很巧合的事。

第一件事是一个女孩在帖子里求助，她想辞去虽然稳定但是自己并不喜欢的工作，和朋友搞创意彩绘，这是她的特长也是职业兴趣所在。但她的家人坚决反对，理由是怕她赚不到钱，而为了给她找到这份工作，家里人情费就掏了好几万。

第二件事是我的一个朋友，因为家人不接受自己的男朋友而痛苦万分。家人不喜欢她男友的理由是觉得配不上她。我的这个朋友跟男友感情非常好，男友对她也无可挑剔，两个人从家庭背景、样貌到学识，并没有太大差距，她想跟男友结婚尘埃落定，但家人逼着她去跟

其他人相亲，母亲甚至威胁说她如果不愿意就跟她断绝母女关系。

第三件事是一个在国外深造的老同学，他的计划是毕业后回国谋生，但家人不同意他回国，认定他出国镀了一层金就应该在国外发光发热，即便最终回来，也必须是衣锦还乡。我的朋友的确不适应国外的生活，在美国过得很不愉快，支撑他坚持下来的动力就是有一天能毕业回来。可是，现在家人没完没了地表示回国就是没出息，还说要是他回国也不让他住家里，随他自生自灭。

这三个故事，都是身边活生生的真实案例。人生还没亮起红灯呢，父母就先实行了交通管制，明确表示此路不通，并示意必须绕行到指定路段。于是，他们就为难地停在这里，不知所措。

这世间可能没有比这样的事更揪心的了，你想做的事偏偏得不到最亲的人支持。你甚至幻想过刀山火海你也要试一试，你不怕痛苦和困难，但没想到最致命的阻挠是最温柔的这一刀，手持匕首的是生你养你的父母。

换了别人你可能置之不理，你可能强硬蛮横，你可能不屑一顾说一句"关你什么事"，唯独对他们，你不能。父母赋予你生命，恩情未报，孝道未尽，你怎么能忤逆父母之命呢？

沿着这样的思路想下去，你会满怀愧疚、心生不忍，可是转念间你看看自己，又不甘心如此放弃自己的人生选择。

这真的不是个别现象，在"以孝为大"的中国，在社会福利不完备的当下，在中老年人普遍空虚孤独的社会精神风貌之下，家庭或者说父母，很有可能成为年轻人追求自己人生的羁绊。

羁绊不代表全部是恶意，爱也可以是羁绊，更何况是传统的儒家文化主导的中国式父母之爱，这种爱里往往充斥着对下一代的掌控和定夺。

这种爱是代替你做选择。我们未成年之时，穿什么衣服、吃什么饭、学什么特长，诸如此类都是父母替我们安排的。在我们尚未萌生强烈的自我意识的时候，这种爱的确是令人受用的，它让我们获得安稳和成长。

但是成年后，你长大了，父母爱的方式却没有成长。他们可能还是习惯于不问你的想法就为你做出选择，选大学、选专业、选工作……甚至替你选对象、选人生方向、选择在哪儿终老。

即便你已经成为一个具有独立人格的社会人，你的表达依然容易被当作青春期逆反的延续或者不谙世事，在他们眼里你就像个巨婴，嗷嗷待哺，等着他们为你定制人生。

他们会说，无论你多大了，你永远是父母心里的孩子。

言外之意，孩子就该听父母的话，因为你还不具备独立判断和思考的能力，即便你做出了选择，那个选择相较他们的意见而言，依旧是不成熟、不适合的。

可事实上，你早就是一个身体和精神健全的成年人，你对待世界的方式变了，你有你的方式和主张，你对待父母的方式也变了，你渴望像平等的成年人那样去沟通。但父母对待你的方式没有变化，这就是最根本的矛盾所在。

这个矛盾放置在其他人际关系中很容易解决，相互让步，调整自己，理性沟通，这样就可以解决问题。

但在亲子关系中，父母和儿女都被绑架，不能动弹，像两块相望而触碰不了的琥珀。

父母被责任和过来人的经验绑架，生怕放手就意味着未尽职责，眼睁睁看你过得不幸福；你被孝道和道德绑架，担忧不顺从父母就意味着变成惹父母伤心的逆子。

你和父母都没有错，但不代表没错的两代人交会在一起一定能形成正确的关系模式。在这样的困境里，两代人都为难着，最终的结局不是你退让就是他们放弃，僵持只是一时的。

如果你等着时间慢慢发酵，形成一剂治愈父母心头大患的良药，只会落得一场空。因为父母之爱的这种模式早就在他们脑海里固化，难以自然松动，唯有你担当起这份重任去撼动那些不适合的部分，才是解决矛盾的方法。

第一件事，告诉他们你已经是个成年人，你有能力和权利去选择自己的人生，并且能为此负责。

这种告知不只是言语上的，更有力的证明是行动。

开头说的几个故事中，父母干涉的理由都跟他们的担忧有关，担心你养活不了自己，担心你处理不好自己的感情，担心你没出息。

这些担忧背后的确是有不信任的因素，这种不信任也并不是空穴来风。多年来，你都依靠父母生活，工作是父母花钱得来的，吃喝拉撒都要靠父母照顾，出国读书也是靠父母供给，而此前你人生中的千千万万个岔路口都是他们为你指出方向的，他们真的很难一时之间相信你能做到、你能做好、你能幸福。

第一个故事里的姑娘可以先试着在工作之余搞彩绘，一段时间之后有了起色再向父母请愿，这样她就可以有理有据地告诉父母这份工作是被认可的、有前途的，是可以赚钱的，并且会比现有的工作带来更大的财富，当然还有无法取代的满足感。

只有你自己不再拿自己当孩子，而是清清楚楚地意识到自己是个成年人，以成年人的方式去解决问题，你才能逐渐硬起腰板，掷地有声地表达你的主张，也只有你先做到这一点，才有赢得父母信任和支持的资本。

这其中最根本的一条原则就是要经济独立。当你在物质上还依赖父母，创业还要"啃老"，他们的确有理由不信任你的选择，你凭什么让他们放手呢？因为那可能意味着你连一日三餐都无法果腹，哪有心思去追求自己的人生。

还要做到精神断奶。你虽然不花家里的钱了，但精神上你还是经常享受他们的供给。如果跟男朋友吵架，工作中跟同事相处不愉快，生病了好难过这种事都要不停地寻求父母的建议和安慰，那么你在父母心中毋庸置疑是个无法独立生活的孩子。

如果连这些鸡毛蒜皮的小事都无法摆平，你还是省省力气按照父母的意愿去做吧，也别再说什么自己的人生，因为你不会有真正意义上的自己的人生。

第二件事是理解和反哺。

我们常常把理解挂在嘴边，但这种理解绝不是认知层面的，必须渗透到你的感受里、骨血里才更深刻。

正如你觉得父母不理解你一样，你也并未深刻地理解他们。

生长在不同年代，受着不同的教育，储备了不同的知识，有着千差万别的经历，这些都是无法理解彼此的原因。

在他们的观念里，他们坚信他们的选择，正如你在自己的世界里坚持你的选择一样，在各自眼里看来都是绝对正确的。

但如果你试图以他们的生活背景去看待你们之间的矛盾，或许你更容易发现问题的突破口，这个突破口就是他们究竟在干涉什么、反对什么、担忧什么。

你会发现从前所没有察觉的一些真相。

父母跟我们一样在世间走一遭，尽管历经沧桑，但依然有他们的卑怯和弱小，尽管阅尽千帆，也同样会感觉匮乏。他们的干涉不代表他们不是好父母、他们很糟糕，而是因为每个人都有自己的局限性。

卑怯和弱小直接反映在他们自觉无法承担你的不幸或是失败，他们也怕自己承受不起因没有指导你的人生而带来的负罪感，他们能做的就是在他们有限的人生经验和能力范围内为你指出一条光明大道。

而匮乏感随着人逐渐步向衰老会愈加突显，他们或是已经退休，或是已经很难在事业和家庭生活中再有新的突破，他们的生活重心就是自己的子女，别无其他，因此精神世界愈发荒芜。

有千万件事可以关注，但他们已不像活跃的年轻人，一条社会新闻、一次聚会，或是周围人的人生起伏就能吸引他们的注意力。他们会匮乏到除了关心你以外再无其他事可做，对外面世界的日新月异充耳不闻，更不要说你提出一个新的人生选择。

你不真正地去试图理解他们，那个同样活在自己世界里的自我便无法释放出来，你也就无法敲开他们的心门去表达自己。

并且，在理解的状态下解决问题也会让你的心态更为平和，而采用完全敌对的态度只会加速矛盾的升级。

在理解之上，你要加紧你的精神反哺。正如前面所言，父母的一些陈旧观念尚未革新是因为他们渐渐与社会脱节，他们不会突然对新鲜事物感兴趣，但你可以做一个领路人。

这毕竟是一个后喻文化时代，你教父母使用电子设备、即时通信工具只是基本，你更应该真诚而耐心地告诉他们现如今社会已经处于涌现多元化选择的发展阶段，有很多人都在做着父母这一代人从未想过的事并且获得成功，也有很多人自由选择伴侣，觅得了人生挚爱。

或许在父母的认知范畴里，彩绘不过是随便涂鸦，它根本无法创造价值和财富，而第一个故事里的姑娘也从未认真地告诉父母这件事到底有什么神奇的魔力吸引着她，她又如何打算用它成就事业；第二个故事里的姑娘从来没讲她和男朋友之间的相处细节和对他的深爱，以及他们究竟哪些地方合适。

用你所了解的一切来精神反哺你的父母，让他们打开思路、看到新的更好的可能，才有机会让他们慢慢接受你的选择，而不是让两代人僵持在自己的观念里无法沟通。

有人说家不是讲理的地方，这句话不知道蒙蔽和阻碍了多少人去追求真正幸福而和谐的家庭。

如果不讲道理，那么整个家庭只会弥漫着各种杂乱无章的情绪和情感，每个人都感情用事，只会造成这个家庭不断沉沦，成为一个不理性、肤浅和毫无章法的地方。因为说起感情，谁对谁的感情有错和虚假呢？父母爱你，你也爱他们，不通过讲理把一切矛盾理顺，假爱之名肆意妄为，只会造成更大的伤害和家庭的崩溃。

如果讲到这里，就可以顺利说服父母对我们建立信任、尊重我们的选择，那自然是再好不过的了。

但如果尝试所有方法都不可行，如果你真的打算坚持自己的人生选择并且认定它，你就只能抗争。

这或许是一件大逆不道的事，因为本质上你就是要不顾父母反对而走自己的人生路了，你就是不得不背离他们的期望去实现自己的人生愿望。

你不想再愚孝，你便只能抗争到底。

这种抗争不是让你谴责和打压，也不是让你痛斥和埋怨，你要做的是暂时搁置你和父母之间对于人生选择的冲突，不理会阻挠，专注于自己的选择。

这样的做法必定是痛苦的，你一定要做好足够的准备，考虑可能会出现的种种问题。你必须在一开始就要有坚持到底的决心。

这是因为，无法坚持到底的抗争只会把你推向更被动的境地。

想想以往的人生中，你也一定反抗过吧，或许是想不顾父母反对在暑假跟同学去旅行，或许是偷偷跟父母不喜欢的邻居女孩子约会……但结果呢，你可能最后因"胳膊拧不过大腿"而抗争失败，你乖乖地留在家里看着朋友拍的旅行照片，再也不敢答应邻家女孩的邀请去看电影。

以往的抗争无果强化了父母的观念：你最终还是要听他们的，无论你多不情愿，最终你还是会妥协。

打破这种联结只能通过一次例外，你必须获得一次抗争的成功，而无法坚持到底就意味着在今后无数个人生选择里，你依旧要顺从，反抗无效。

这样的抗争或许会在最初带来更强烈的负面反应，你的父母会哭会闹，还可能会出现行动上的阻挠。如果你心软了，你就会回到以往的循环中，无法翻身。父母毕竟不是我们的敌人，对于他们的失落、难过、愤怒，你依旧需要去安慰和劝解，但这不等同于你在有冲突的选择这件事上妥协，这是两码事。

不听从父母的建议也不等同于不孝，尽心侍奉你的父母、为他们分忧、解决生活上的麻烦，都是理性的尽孝，你还可以鼓励他们去找到自己的兴趣、爱好，哪怕是为了锻炼身体去跳广场舞，这种有助于改善老年人匮乏感的方式也是孝顺。

而所谓"孝顺"中的"顺"也是有前提的，如果他们的想法并不适合当下的情况，也非你所愿，不加区分地跟随就是愚孝，应该摒弃。

一件很有意思的事是，孝顺这件事在每个家庭系统中都会产生代际传递。如果你听过父母和他们父辈的故事，你会发现，其中不乏你的父母有不顾反对而选择自己人生的情节。

那些自觉生活不够完美的父母或许有过没听从家长建议的经历，所以很容易把自己的问题归结为当初没有听家里的话，而实际上，一个选择所带来的不幸不能简单地归因于选择本身，有太多其他的因素会促成结果的发生。

当你能清醒地看到"听父母的话"和"获得幸福人生"之间没有必然联系，你就更有勇气去打破这样的"孝顺"模式，改变家庭系统中这种隐形代际传递。

你一定希望今后你的子女能活得自由而快乐，你愿意去支持他们的人生选择，那么现在就要打破这种代际传递。如果每个人都愿意这样做，很多家庭不会再出现因"愚孝"而导致的不幸，家庭氛围会更轻松，每个家庭成员的地位更平等，每个人都有权利去追求更大程度上的自由，并且能得到亲人的支持。

所以，这样的抗争不只是一个小家庭的问题，如果每一个小家庭的问题都可以得到改善，那么从传统的父母之爱向更现代的、平等的父母之爱过渡的历史进程会被加速。

或许，多年以后，我们的后代将不再受这样的困扰，能更充分地去实现自我。

还要说一句：抗争不是永久地搁置。你在自己的人生选择中收获幸福、成功、快乐，都是解决矛盾的方式，只是迂回而缓慢，但无论怎样都比委屈求全好得多。你可以一边过自己的人生，一边改变亲子关系模式，这样的努力是值得的。

以上所说的事情中最难的不是做到，而是迈过心里那道坎儿。这道心坎儿是愧疚、自责和自怜，因为你和父母之间的不一致会引起他们的一系列反应，让你觉得你伤害了他们；而同时你又可怜自己，觉得想要过上渴望的人生太难了，甚至得不到最亲近的人的认可和祝福。

要强调的是，不顺从父母的建议、坚持自己的选择不等同于伤害，不等同于不孝，即便最终造成了伤害的结果，也不仅仅是你的坚持所造成的，你不应该背这个黑锅。你必须从这种错误的想法中解脱出来，而不是一层又一层地给自己缠上这种愚昧的裹脚布，无法前进。

至于得不到最亲近的人的认可和祝福，这未必是永久的。如果你能做到证明自己，那这些就不再是问题。最关键的因素在于你已经是一个成年人，你最需要获得的肯定和祝福都应该来自你自己。父母的确是重要的人，说穿了，虽然重要，但依然逃不开"他人"的界定，他们不是你人生的主体，你才是，所以你怎么看待自己才是最重要的。当你还试图在所有事上取悦父母、为了他们满意而活，那问题在于你的内心依然存在"你是个孩子"的自我设定。

世间事皆难两全，无法兼顾的时候，你一定要想清楚自己到底为什么而活。为自己而活、为他人而活，都是可圈可点的活法，各有各的道。如果你的确为了父母满意而情意放弃自己的人生选择，依然值得颂扬。但如果你真的渴望人生在世三万天，能过上真正想要的人生，那这一步早晚都要迈出。

最坏的结果是你不得不顺从父母而放弃自己的人生选择，就算如此，我也真诚地希望你能从这件事中学到点什么。当你有了子女，别让他重蹈你的覆辙，要让他过上当年你不曾体会过的自由人生。

胡适在《我的儿子》这首诗里写道："将来你长大时，这是我所期望于你：我要你做一个堂堂的人，不要做我的孝顺儿子。"

这种期望，我希望至少能在我们这一代人身上真正实现。

适当的"敷衍"胜过一味的针锋相对

朋友跟父母吵架，要来我家住避避风头。

吵架的原因很常见，父母唠叨几句要她去相亲，她偏偏最近工作不顺，不但拒绝了相亲，还给父母上了一课"新时代女性的婚恋观"，就此点燃战火。

父母听不惯她的想法，她也接受不了父母的意见，只要触碰这个话题，双方就进入战备状态。她怕战火越烧越旺，干脆躲闪不见。

我劝她，你又躲不了一辈子，该回家还是要回家。她在气头上也是蛮横，强烈表示说服不了父母就不回去，一定要他们改变观念。

朋友小我几岁，她遇到的问题其实我也遇到过，当时嘴上不饶人，心里也是强硬得很。

这几年，或许是因为又被社会打磨了几圈，整个人渐渐柔软了起来，身段也能放低了。回头想想，那是我的父母，他们爱我，我也爱他们，强硬解决不了问题，想要和谐共处，得运用软能力。

这种软能力，不是针尖对麦芒地比拼谁的想法更正确、更先进，也不是较量谁在家庭中的权力更大、贡献更多，而是用更柔性的方式去包容存在的问题且不使问题扩大，让双方都能各退一步，愉快地彼此谅解。

听起来玄妙又很高深，其实通俗来讲简单得很，就是两个字——"敷衍"。

我说的"敷衍"不是顺从，也不是让你彻底放弃理解和接受父母的想法，而是在暂时改变不了彼此的情况下，给双方缓冲的余地。

"敷衍"是换个思路去回应，而不是产生正面冲突。

>>> 1

那些你不能接受的想法，听听就好。

不必甩出一堆道理去说服他们，不用听到不合你意的建议就瞬间炸毛。不管父母说的是让你抓紧找对象还是快点生孩子，你只要表示知道，再告诉他们会认真考虑去行动就好，这是语言上的"敷衍"。

父母想听到的不是你的难处，不是你先进的想法，他们只是想确认你接收到他们的关心和建议而已，这让他们觉得自己还有用，心里踏实。

我也曾像朋友那样跟父母申明过我的"正确"看法，结果换来的是同样僵持的局面，结不结婚的问题没解决，又激发了新的矛盾，焦点指向我太固执，听不进去他们的话。

现在，我会"敷衍"了，不论父母对我的生活有什么看法，我都会表示同意，也会口头答应。虽然我们对于很多问题的看法仍然不一致，但现在能很融洽地相处。

当然，适合我的建议我会听，不适合我的，只要我先答应着，他们觉得我在听就放心了。儿女能听进去他们的话，是父母应得的尊重。

>>> 2

那些不得不行动的，就尝试几次。

有时候，父母除了建议你怎么做，可能还会提出一些要求，需要你付出实际行动。很多人的第一反应是——我爸妈又逼我如何如何。

以前，我也有过这样极端的想法，甚至也想要逆反。但实际上，是我们先产生了敌对的心态，才会把父母的建议和要求看作是毒药。

行为上你也可以"敷衍"，联系相亲对象，去见几次，之后不想去就找理由搪塞。只要看到你的行动和尝试，父母心里有了些许安慰，对于你之后的拒绝，他们会更容易接受。

以前，我妈一直希望我能早点睡觉，我列举了一堆我没办法早睡的理由，她还是不同意。

后来，我尝试了早睡，虽然还是达不到她的时间要求，但是在这件事上她再也没唠叨过我，一是因为我表达了我愿意尝试，二是因为我确实有那么一点进步。

我的让步虽然敷衍了一些，但换回了父母的让步。

虽然听起来"敷衍"地应对不是那么认真，不是那么用心，但正因为爱，所以才需要"敷衍"。凡事较真，处处争论，太过计较，那不是爱的真意。

这是因为，"敷衍"的前提是理解对方的立场，包容对方跟你的不同之处。

>>> 3

敷衍的反面是太想要改变彼此。

人与人之间的矛盾和争议，太多源于想要改变对方，想要争个对错、分个高下。而你所希望的改变，不过是让对方变成你想要的样子，这简直就是一种新型的独裁。

别较劲想要改变别人，这真的是世界上最难的事。

每个人都被不同的经历凿刻，形成了自己的价值观，不管它是否正确，但确实是自洽的，因此难免觉得自己才是时刻正确的那一个。可是，想要对方跟你保持一致或者相融，那真的是需要天时地利人和的迷信。

更何况，那个你想要改变的人是你的父母，是跟你出生在不同时代，有着迥异成长环境的老一辈，这使得你们相互理解的难度系数又高了几个点。

就像我的朋友，坚信自己对婚恋有正确又适合自己的想法，她的父母想必也是如此，这件事上本就没有什么绝对正确。

父母要她转变看法，和她希望父母能跟她一样看待问题，两者本质上没有什么区别，都是希望对方改变。所以，何必抱怨父母不开化呢，你们各自有坚持罢了。

"敷衍"虽然看上去是个消极的应对方式，但是给了彼此机会去缓冲冲突，也给彼此时间去接受和反思，让双方打破对立的态度，让新的观念渐渐渗透。

不去尝试，就没有磨合，更不会让观念融合。不去尝试，你怎么知道他们的建议不适合自己呢？

即便你们都深爱着彼此，但是爱并不能解决一切问题，合适的方法才能。

"敷衍"不是仅适用于父母，朋友之间、恋人之间都别勉强自己去改变成对方想要的样子，在相互理解的基础上，不用敌对的态度去对抗，而是去包容对方的想法，真的好过针锋相对的各不退让。

因为害怕失败，你避免了一切开始

有一种人，跟他沟通几乎不用听他全部的长篇大论，只要竖起耳朵等待一个"但是"——转折就好，无论他前面说了什么都不重要，只有"但是"后面才是他要表达的重点。

——我想辞职，但是我怕找不到更好的工作。

——那你就先在这儿好好干吧，有好机会再跳槽。

——我也想继续在这儿干，但是工资低啊。

此时，好想送上一个白眼和一行字幕："十年后。"

——我想买照相机，但是怕信用卡还不上。

——那你就先存钱吧，存够了再买。

——我也是这么打算的，但是下个月旅游正好需要拍照啊。

我好想说，只要你掌握了PS技术，买不买照相机都无所谓。

——我想追求我以前的同学，但是怕追不上连朋友都做不成。

——有道理，那你就接触一段时间再决定。

——是这么个道理，但是好像现在追她的人很多，被别人捷足先登了怎么办？

我想送给他一串无奈的表情包，再附赠一句至理名言："如果你照照镜子，或许你会明白很多。"

这样的人好像真不是稀罕之物，这辈子我们总能碰上千八百个"但是先生""但是小姐""但是二叔""但是表嫂"。好像这个世界里所有的存在都是虚无，唯有这个"但是"是铁证一样的存在。

其实，谁都会偶尔陷入"但是"的陷阱里，前有狼后有虎，火坑在左，深渊往右。没有一个满分的选择堵住你那句"但是"，所以，我们就在"但是"里苟且。

你用一百个理由说服自己辞职，只消一个"但是"就能击退前面的振振有词；你有一千个原因想要提分手，转念一想，"但是"就变成了"然而"你们并没有分手。

这种由"但是"带来的烦恼，就是心理学中的"趋避冲突"。指同一目标对于个体同时具有趋近和逃避的心态。这一目标可以满足人的某些需求，但同时又会构成某些威胁，既有吸引力又有排斥力，使人陷入进退两难的心理困境。

这种内心冲突其实是很常见的，每个人都会遇到，暂时的内心矛盾也并不影响一个人的身心健康，只是说明我们并未做好选择的准备，正在合理的发酵阶段。那些总把"但是"挂在嘴边，既不能痛快决定又因为种种"但是"长期纠结痛苦的人，便会启动一种消极的应对模式，不敢直面自己的问题，把借口和托词当作不行动的理由。

是"但是"太有魔力吗？不是！是你行动的意志并没有那么坚决。究其根本，是你太害怕失败又总以为会有完全能避免失败的选择。

往往这些人将自己隐藏得特别深，看起来倒像是特别渴望成功的类型。他们在换工作时纠结，在追求异性时踟蹰，这似乎是一种深思熟虑的表现，好像只有具备充分的有利条件，他们才能行动，目标是一击即中。

这种逻辑是他们用来迷惑别人也欺骗自己的套路，因为太想成功，所以必须思前想后才能做出最终选择。他们自己也常常沉浸在这样的设定里继续纠结，每次内心的天平向某种选择倾斜时，就会用一个"但是"来推动它倾向于另一方，所以长期处于摇摆状态，只是思考，却迟迟不行动。

真正追求成功的人一定是"讷于言而敏于行"的，他们不会滔滔不绝地合理化自己的踟蹰不定，他们会把精力和时间放在行动层面。那些迟迟不行动，被"但是"捆绑住手脚的人，并不在意是否真的成功，他们在意的是"我不要失败"。而不做选择，看似会延缓失败的出现，说不定还会避免失败。

因为一旦选择并付诸行动，就意味着他们有面对失败的可能，毕竟谁也没有办法保证任何一个选择都万无一失，他们承受不了失败，所以在思考中把失败想成会吞噬掉自己的恶魔，好像不行动就能保护自己，防止恶魔的到来。

纵然有一天真的不得不采取行动，他们也为失败做好了充分的铺垫。等到他们真的没找到更好的工作或是恋爱失败，就会条件反射般告诉自己也告诉别人："喏，你看我当初就说过有这种可能了吧。"

这时候，最初的"但是"又成了他们告慰失败的理由。

不行动真的会避免失败恶魔的出现吗？在我看来，不行动已然是一种失败，因为那意味着你彻底放弃了成功的可能，在机遇面前束手就擒，被失败吓破了胆，这何尝不是自我的彻底投降？

其实，真的没有那么多伺机而动，更何况往往是行动促成了机会本身的产生。你不去追求，不去尝试找新工作，那么结果一定是没有机会，你会一直活在"但是"里，你只能看到"但是"，忽视了其他的可能性。

更何况，你总要有面临选择的那一天，你无法彻底拒绝选择。停留在现在的生活状态中不做改变，也是一种选择。

我不是鼓励每个人在纠结的时候一定要选一条新的路，也不是告诉你安于现状就好。无论选择什么，只要内心安然，就不失为一种适合自己的生活方式。最可怕的是你既不活在当下，也毫无未来可以憧憬，广阔的生活被你过成了局限和狭窄的一条夹缝，这条夹缝就是无数个"但是"组成的纠结人生。

想要逃离这条夹缝，不需要过多的思辨，快速择一条路前行，这并不是草率，也不仓促。你万分纠结的不过是人生中无数个选择，它并不能决定你人生的全部，是你把自己看得太轻，又把选择看得太重。

说到底，无论哪种选择，都是为了让自己更快乐、更幸福。我虽然无法帮你判定到底哪条路最好，但停留在夹缝里一定不会让你快乐和幸福。

选择现在的工作继续耕耘，虽然赚得不多，但只要踏实肯干，你就会有进步，薪酬也会有相应的提升，你会更快乐一点；如果选择去找新的工作，薪酬待遇提升了，也有新的挑战，你会有所成长，这会让你更有成就感。只有眼前，你站在岔路口，是唯一没有可能获得幸福和快乐的位置，你却不肯挪动一步。

就算选择之后真的失败了，又如何呢？没有一个选择能彻底改变你的人生，我们这一辈子都在不断试错中修正自己、调整步伐，告别错的、争取对的。只要你行动，就又无限趋近了真正适合自己的道路一步，哪怕只是前进一步，也有前进一步的欢喜。

早一点选择，即便失败，也能早一点改善，早一点接近成功。

哪怕消极一点说，人生就像一场豪赌，无论开大还是开小，都必须从你掷出色子这个动作开始。最终无论是输是赢，都比你活在这些"但是"里来得痛快。

一时因"但是"左右摇摆不可避免，但过久地停留不该是人生的常态。别以为拖延选择的时刻到来就可以等到真正最好的选择，因为这世界上并不存在完美。我们接受生活赠予的奶糖，也挨过它的响亮耳光，一边唇齿留香，一边随时等待迎面一击，这是任何选择的必然结果。阳光和阴影往往成对出现，这就是你我的生活本身。

别撒泼耍赖说不行我只要奶糖，你以为世界是你的奶娘吗？如果你真的迈不出那一步，也别再费尽心机找种种借口了，就认输投降吧，永远活在那些潮湿狭窄的"但是"里，那里才是懦弱的人最终的归属。

别过较劲的人生，请保持一点钝感

　　我曾得了一场旷日持久的重感冒，反反复复，好了又坏，坏了又好，此病绵绵无绝期。

　　虽然谁都不愿意生病，但生病也有好处，最大的好处就是人平和了不少，可能是因为身体不适，导致大脑里的各种神经通路传导变慢，信息加工速度变慢，所以情绪调动也跟着变慢，不那么容易愤怒了，不那么容易激动了，也不那么容易兴奋了，感觉心境开阔，不再容易小题大做，那些以前总会纠结的、过度在意的事情都像蒙了一层柔光镜，没那么锋利和刺眼了。

　　生病之后感觉人生顺畅了不少——虽然每天依旧早晨堵车，午饭难吃，夜里失眠。周遭的一切都没什么变化，改变的只是我的心态。

好像很多人都是如此，常常是大山大河蹚过，却会在小水洼里淹死。在重大的人生艰难面前屹立不倒，却会被几粒尘埃压垮了肩膀。

因为遇到的困难越大，补充的斗志就会越多，聚焦于问题的解决，专注在每一点滴的进展上。那些难以改变的小事横亘在眼前，却会让人心生烦扰，嗔怪自己和他人，全身上下每个毛孔都盯紧那些不足和糟糕的部分，有时候免不了气急败坏，怨天尤人。

说穿了，我们都太容易跟自己较劲。那些看不顺眼的统统都容纳不了，不论大方向上多么顺遂，却总要别扭地跟一些细枝末节纠缠不休。

你是不是也有过类似的经历？

穿了一套干净衣服，却在吃饭的时候不小心弄上一滴油渍，因此沮丧地没了胃口；地铁上人太多，被人不小心推了一把，弄得自己一整天都闷闷不乐；明明安排妥当的假期出游，却因为一场大雨不得不"宅"在家里；几乎全程精彩的报告演示，却还有一处疏漏，让你恨得牙痒痒，觉得自己失败至极。

我们的生活无法像预期一般精致完美，总有那么多纰漏和不尽人意。理智告诉我们，过去的就过去了，发现原因，找到解决办法，下次避免就是了；但情感上又过不去这一关，总会揪着这一丝意料之外不放，不仅心情不佳，甚至会因为这一点小事挡住了前进的步伐。

你可能会在脑子里琢磨个不停：为什么偏偏是你遇到这样的事？要是不出这个错该多好！如果不是这样就好了……在你埋怨自己的时

候，你可知道，过去的已无法重来，很多问题的发生本就无法避免，不是你努力不犯错就能避免所有错误，也不是你小心翼翼就绝对不会出现纰漏。

你追求的那种绝对顺遂心愿、绝对完美，根本就不存在。

人的能量是相对有限的，你在哪个部分分配得越多，势必就在其他部分分摊得更少。如果你的能量集中在关注事物的瑕疵和缺失上，你能留意积极和正面的能量便不足，长此以往，能量也会养成习惯，让你不自觉地去关注那1%的丑陋，而对99%的美好视而不见。

当你循环往复不停地被衣服上的油渍、地铁上的碰撞、意外的风雨和报告中的疏漏耗费掉精力，你只会越来越久地浸泡在其中，甚至被它们吞没。当你还在跟这些不尽人意斗争的时候，你会发现这是无休止的征战，因为生而有涯而烦恼无涯，以有涯跟无涯较劲，是最不自量力的对弈。

当然，这一切都是知易行难，也正是因为难所以才让很多人望而却步，至今还在过较劲的人生，跟自己较劲、跟他人较劲，甚至跟我们控制不了的命运较劲。其实，真正区分智慧与愚蠢的标准不是能不能知晓世间道理，而是知晓后是否行动，就像红海被摩西分为两半，不惧困难仍然选择行动的人站在智慧这端，知难而退的人永远趴在愚蠢的另一端。

要想不再无谓较劲，我们需要多一点钝感，对日常生活中无法控制的意外和不完美的敏感降低一些，不再像以往那样快速又敏锐地让它们跟坏情绪建立联结。

我们身上发生的事和情感固然都属于我们生活的一部分，但不代表它们跟我们是完全融为一体的。当你有意识地把事情和情绪从自我中剥离开来，才能更客观地看待它们，也更少受到影响。

你要做的不是视而不见或刻意忽略它的存在，而是把这些事和情绪当作跟太阳、空气、大海、树木等一样的存在，它们并非跟你血脉相连，它们跟你之间的紧密程度只取决于你如何看待。

当你能用这种稍微保持距离的方式看待你身上经历的事情以及由此产生的情绪，才不会完全被它们左右和操纵甚至失去了自我。

曾听过有句话说，万物皆由我而现。有我而无彼，由我而不由彼，舍己徇物，终将失己也。虽然有一些唯心的意味，但这种相对割裂的思维方式是值得我们借鉴的。事情到底会如何影响我们的情绪和认知，终究主宰是我们自己。如果将其他视作高于自我的存在，由情绪和认知恣意妄为，最终将失去自我。

当你一个猛子扎进这些"身外之物"中而无法自拔时，就是对自我的放弃。所以，把外物和情绪从我们身上卸载，把它们视作普通的客观存在，无论好坏，请记住，它们都不如我们自身重要。

诚然，所有事情的发生都有其意义所在，值得我们去思索和领悟，但如果对每件事都时刻敏锐地耗尽心力去琢磨，那么这种无差别的处理方式将把我们的人生消耗殆尽。正如不是所有人都值得我们掏心掏肺一样，也不是所有的事都需要我们花费那么多时间和力气。

生病的这段时间里，我的确没有太多力气去跟生活中微不足道的细节计较，我感觉一身轻松，也忽然明白这些力气本就多余，它们本应该被投注到更值得细细体会的事情上。

　　而我也终于懂得，能够与自己的所见所感保持距离，才能真正体会世间多种事情的滋味，而不是任凭自己的感觉泛滥，最后将自身淹没在悄无声息之中。

　　所以，保持一点钝感，别再较劲，适时地把你的目光从那些已经无法改变的小事上挪开，因为你越跟它纠结，它会缠得你更紧。正如尼采所说，你长期凝视深渊，深渊也在凝视着你。

别让时间欺骗你

最近这几年，频繁听到别人问我：

你怎么总有时间出去旅游啊？

你怎么有那么多时间看书、看电影啊？

我看你平时工作挺忙的，还老加班，怎么还有时间写文章呢？

类似这样的提问很多，他们产生疑问的前提是——你不该有那么多时间做这些事。表面看来真是如此，除了工作和打理日常生活以外，我还定期做咨询、写文章、运营公众号、看书和电影充电，有时间时美容护肤，甚至没耽误社交。我的生活跟其他人差不多，别人要花时间去做的事（除了谈恋爱），我一样都不落，甚至因为独居不得不一个人撑起家里所有的琐事。

但真相是，我不但做了，而且相对高质量地完成了这些事情，大部分时间我觉得很愉悦。三言两语可能没办法回答我是怎么有那么多时间的，更何况其实每个人拥有的时间是一样的，24小时组成一天，谁都没有多一分钟。我想，让我有时间做这么多事情，原因是我找到了适合自己的时间管理方法。

下面分享几条我自己的心得，虽然未必适合所有人，但可以作为借鉴。

>>> 一、你必须清楚为什么要进行时间管理

听上去我的朋友们是希望跟我一样，能"有更多时间"去做更多事情。每个人都觉得只要学会了管理时间，就能提高效率，做更多事。我并不完全认同这样的观点，掌握了时间管理的方法，的确能让你在有限的单位时间内完成更多任务，但这样做绝不仅仅只是为了提高工作效率，还是为了更好地平衡生活，获得幸福感。

千万记住，事情是做不完的，我们不是用时间管理来把自己变成一个只会工作的机器人。

如果一直以来你都认为时间管理仅仅是办公和学习才用得到的，那么你面对这个话题肯定会有压力感和抵触，所以很难真正去投入管理时间这件事中。只有意识到管理好时间意味着你能腾挪出空闲时间，在工作之外享受人生、休闲放松，你的内心才会减少阻碍，积极主动地去了解如何管理时间，更快掌握精髓。

从容地面对时间管理，这是第一步。

>>> 二、并不存在不被浪费的时间

一谈到时间管理，很多人都觉得自己不会管理时间，必须先掌握一套科学可行的方法才能开始这件事。这样的想法阻碍了很多人真正地投入。其实，从本质上讲，即便你没有按照某种方法尝试时间管理，只要你度过了一分一秒，你都是在运用你的时间，这其实就是管理时间，只不过方式不同而已，有的松散低效，有的紧凑高效。

时间管理并不意味着要追求完美、丝毫不浪费一分一秒，因为并不存在不被浪费的时间，只是浪费多少的问题。

所以，不必因为自己现在做得不够完美就放弃，时间管理不是要利用每一分钟，而是减少本不必要的浪费。

>>> 三、你知道自己的时间都用来做什么了吗

排除了认知层面的阻碍，真正开始时间管理，第一件事就是了解你自己平时都把时间花在了哪些事情上，有哪些事是日常生活中固定占用一定时间的，有哪些是偶然发生的，以及这些事情一般要消耗多少时间。

就像理财，你必须先开始记账，了解自己的日常支出才能有据可依，知道自己从哪里入手。

你可以先记录一个月的时间分配情况，之后从中发现规律。比如，我写一篇文章需要两到两个半小时，编辑排版需要一小时，找图需要一小时，这意味着一个工作日晚上是无法做完这件事的，我需要花费两个晚上的时间彻底完成一篇微信公众号内容的推送准备工作，但两个晚上并不会完全被占满，有所富余。每晚余出的这1小时，我会按照我运用时间的一般情况来安排适合的事情。

只有你发现了自己运用时间的基本规律，才有可能把它们更合理地排列组合，进行效果优化。

>>> 四、不要轻易把一件事情切割成两个时间段来完成

在刚才举的例子里，我提到了如果每个晚上能多出一个小时，那

么我只会安排在一个小时里能做完的事，而不是选择做一件需要两个小时才能完成的事情且只完成一半。

这一点非常重要，也是让我获益最多的一点。比如你想看一部电影，需要两个小时，那么尽量选择在两个小时里看完，而不是每天花费一小时看完。

之所以这么做，是因为，只做了一部分的事情会让我们在内心感到失落和挫败，在这种消极情绪之下，我们很容易因为不甘心而选择完成这件事再去开始下一件事，而这就像多米诺骨牌效应，一件事情拖后开始，这一天甚至近几天的事情都会拖后。在这样的状态里，你很容易产生自责和内疚，觉得自己拖延或做事效率太低，其实只是因为你没有把合适的事情放在整块的时间去完成。

就像拼图中把其中一块放在了不合适的位置，不但留下空白，还会导致其他的拼图无法放进来。

如果你做到了这一点，会感觉很愉悦，也很有成就感，因为这一天你完成了很多事，而不是做了很多事却没有一件事彻底完成，你同样花费了一天的时间，但感受完全不同。不仅如此，如果第二天再开始这件事，你还要消耗一定时间回顾昨天的进展，这无形中增加了时间开支。

如果是写论文或是从事一项烦琐的工作，确实无法一天或者一段时间内全部搞定，但你可以把它拆解成很多细项，作为一个单独的任务去完成，这也相当于在一段时间内完整地完成一件事。

>>> 五、专一：一段时间只做一件事

我每天要处理的事情性质不同，有的以沟通协调为主，有的需要创意和分析，这些事情所需要的思维模式和专注程度都不相同。为了避免干扰，我选择尽量专注做一件事或者是同类性质的事情。

这是因为，当我们不停在两种模式之间切换，往往需要占用更多的大脑资源，频繁地切换会降低效率，结果是每件事都做不好。

所以，除遇到临时的紧急事件以外，我会尽量在规划的时间内去完成应该做的事，完成后再去处理其他事。

>>> 六、你要了解时间和精力之间的暧昧关系

每个人都有24小时，但这24小时的价值不是均等供给的。比如，晨型人在早上效率最高，夜猫子在晚上精力最充沛、大脑最活跃。你可以留意自己在24小时中，哪些时间段是状态最好的，这时候去处理最重要且需要精力高度集中的事情；哪些时间段容易疲劳或注意力涣散，这时可以做一些不太烦琐甚至是机械作业就可以完成的任务。

>>> 七、碎片时间是坑也是助攻

很多人提倡利用碎片时间去创造价值，我觉得对这个问题要一分

为二地看待。碎片时间大致可以分为两种，两个任务之间的休息是一种，可以称之为"主动的碎片"；排队等餐的时间也是一种，叫作"被动的碎片"。

"主动碎片"很容易成为一种陷阱，因为下一个任务不是被动要求必须在某个时间开始的（比如上课比如开会），仅凭意志力和执行力很容易产生拖延。这跟个体差异无关，更多的是人类共同的惰性所致。

我们都容易被更轻松愉悦的事情吸引，偏好享乐，所以如果在主动碎片时间里选择打游戏，你是极有可能玩完一局又继续下一局的，这会导致下一个任务无法准时开始。在主动碎片时间里，我建议脑子放空，不去做其他事，或者去处理一些简单易完成的事。我会吃个水果、去洗手间，有时也会想一想下一项工作怎么做，总之不会选择一件让我可能产生巨大愉悦难以及时暂停的事，比如网上购物或者闲聊。

如果是被动碎片，它的时间相对固定，比如排队、会议中场休息，这样的碎片时间是可以用来看一篇文章或者背几个单词的。

>>> 八、把垃圾时间变废为宝

累积起来，吃喝拉撒这些日常琐事的需求也占用了我们不少时间，但这又是每个人都回避不了的需求。这些事情大多不需要耗费脑力资源，完成起来也比较轻松，但对我们工作和娱乐都没有直接的帮助。这很像电视剧里的垃圾时间，对剧情推进起不到关键的作用，只想让人快进，可惜生活是无法快进的。

其实这段时间也大有可为，准备一本厕所读物，或者一个人吃饭的时候看看新闻，算是一举两得。

我最喜欢的垃圾时间是洗澡和洗漱时，因为可以完全扭转成宝贵的、有价值的"赠品"时间。你也可以像我一样，在早上洗漱的时候想一想今天要做的事，理清思路，做好待完成事件的排序，这样到了公司或学校按照计划开始做就可以了，无须手忙脚乱随机处理事情。晚上的洗澡时间是最佳的思考人生的机会，我有很多文章的思路就是在这个时候整理出来的，因为身体最放松，所以很容易灵感迸发。

趁晚上洗漱的时间可以回顾一下一天中事情完成的情况，做个简短的总结，发现问题可以作为一种提醒，这是一天的时间管理很棒的收尾。

只要你稍加留意，对没办法扔掉的垃圾时间做一些巧妙的再利用，效果事半功倍。

以上这八点都是我在时间管理中曾遇到的问题和发现，希望能对你有所帮助。

时间已经是上天给我们最公平的礼物了，也是实现理想人生的前提，所以别荒废人生了。是让时间发霉，还是让时间发芽开出梦想的花朵，都取决于你如何安排时间。

我知道你跟我一样疲惫

我们常常自以为把生活安排得井井有条就是完满，让自己充实起来就能快乐，但还是偶尔会有一些忽然钻出来的片刻让我们失神，似乎节奏强烈的忙碌背后总藏着一丝疲倦和懈怠。但也只是在疲惫和厌倦越来越浓，充实渐渐变成超载，快乐变成麻木的时候，我们才有一种危机感：我到底是怎么了？

就像推送了关于时间管理的那篇文章后，有读者问我：你会感觉累吗？

看到这句话像是在雨天有人给我撑了一把伞，欣慰又感动。每天这么熬，谁不累呢？

因为这个问题，我反思了最近这半年的状态，如果更客观地分析，可能会追溯到开公众号以来的一年多时间。的确有很多时候感觉疲惫至极就要撑不下去，也的确靠着鸡血和执拗一路闯关到现在。不可忽视的现实问题是，我真的很疲惫，对现在的生活步调也感到厌倦。

我问一直帮我找图的椒叔最近状态如何，椒叔说，这个世界有毒，我每天睡不够，白天忙活一天却感觉什么都没做，由内而外地累。

我又问我的朋友黑马，他说感觉很懈怠，什么事都不想做，就想飞到芝加哥当个流浪汉。

我不信邪，又不依不饶前前后后问了几个人，回复统统绕不开三个关键词："累""厌倦""没激情"。

其实，每个月的星座运势不用花样翻新，只需放进这三个关键词，就有大批用户感慨：真准啊！

我花了三天时间去琢磨这问题，为什么我们这么累？为什么这么疲倦没激情？到底是哪里出了问题？生活是否还能回归到曾经活力四射的那个阶段？

累和倦怠，都是我们的主观感觉，细细分析，它们并非是说不清的状态，总体而言会体现在情绪衰竭、去人性化和低效能感这三个维度上。

情绪衰竭就是我们常提到的极度疲劳的感觉，情感消耗过大，没有热情，对很多事情难以提起兴趣；去人性化是指我们对待他人、工作乃至生活的疏离消极态度；低效能感意味着我们的成就感和胜任感降低，自觉无法很好地应付现在的生活。

所以，累和倦怠不只停留在主观的感觉层面，它会影响到我们对待事物的态度，还会引起更深层次的认知变化，长期处于效能感低的状态极易削弱自信。如果你在这三个维度上都有表现，可能当下需要对自己的状态有所注意了。

产生倦怠和疲乏并不是我们想的那样仅仅因为事情太多、工作量太大，背后还有更细腻的原因。倦怠感多是由资源和需求之间的落差、没有输入以及多种角色冲突引起的。

即便你有大量的事情要做，但如果给你的资源相对匹配你对资源的需求，是不会产生巨大消耗的。

最直接的例子就是时间，一天的时间安排得再紧凑，如果完成所有事情需要25个小时，那么你是无论如何也做不到的。毕竟一天只有24小时，这是个被写死的程序，我们改变不了这种时间分配，你对时间资源的需求是无法实现的。

再比如，假设你要做的事情是出差到某地组织一场活动，核心任务是组织活动，但前提条件是出差，如果现在没有资源支持你去到另外一个城市，你就需要自己准备火车票和机票，甚至可能还要自掏腰包来购买，即便它不属于任务本身，但没有这些先决条件，你就无法完成最终的任务，所以只能过度消耗自己。

偶尔出现这样的情况或许我们还能应对，但如果长期处于资源匮乏的形势下，我们的需求得不到满足，就会感觉到疲惫和倦怠，或许还没等到开始完成重要的事情，热情和精力就已经在前戏中消耗殆尽了。

另一种倦怠来自我们每天都在忙着输出，而没有相应的输入。无论是做哪种工作，应付什么样的生活，我们都需要不断地充电和补充能量，因为每一天发生的事情可能向我们不断提出新的要求。没有一劳永逸的技能，即便是最普通基础的体力劳动，也需要不断补充体能和营养来避免体力透支。

长期用一种姿势不断地输出，人会感到匮乏，对原本能应对的工作和生活也会渐渐感到无力。可是大多数时候我们都忙着绞尽脑汁掏空自己现有的，却很少花费一定的时间精力去输入那些能帮我们持续产出的知识和技能。

当原本可以轻松搞定的事情也让我们感到倦怠，就是一个提醒你需要换个姿势应对人生的信号。

还有一个更复杂的引起倦怠的原因，也是我自己体会最深刻的，那就是每天在多重角色中切换，这些角色之间往往还会产生冲突。我的日常工作是一名"互联网民工"，大多数时间内打交道的是数据；结束了日常工作后，我还有一些心理咨询个案要处理；两年前我开了微信公众号做内容，跟文字打交道。每一种工作的性质都不同，对我的要求也有所不同，乍一听上去生活是丰富的，但时间久了，每一种任务对我的需求都很大，常常在时间、精力以及角色要求上产生冲突。我不能用处理数据的思路去对待来咨询的人，我也无法把咨询时运用的技术等同于撰写内容的方法。我时常感觉分身乏术又很倦怠，因为每一种角色之间都有无形的竞争，抢夺有限的时间和精力。

我有很多朋友也处在这样的状态中，白天上班，周末去上在职的研究生课程，或是这边奶着孩子另一边打理着自己的淘宝店，时间长了看似所有事情都能兼顾，但其实都很难深入发展，自己身心俱疲。

我也在思考，在这个本来就容易感到厌倦的季节，到底怎么做才能唤起原有的充沛精力和激情呢？以下我总结了几点，我正是从这几点着手行动的，跟大家分享一下。

>>> 不全部放弃，而是做减法

在疲惫至极的状态下，我常有扔下一切不管的念头，也常听人说起最好的方法是停下手里所有的事，全身心地休息，或者去旅行。这听起来很诱人，但实际上不谈可操作性的问题，单从这样做的意义来看，我觉得完全没有必要。

生活里没有绝对的"全"或"无"，生活需要的是半衡和呼吸。当我们陷入厌倦的状态中，内心也会感到窒息和沉重的压力，但如果你彻底什么都不做，将得到空虚和缥缈的无意义状态，两种都会让你陷入人工的"绝对"中。过于疲倦和过于轻松都不是生活的本质，我们应该追求的是相对的、动态的忙碌和悠闲。

而长期处于多角色、多任务的状态之下，是很难达到事半功倍的效果的，甚至你付出十分，收获的却要大打折扣。在要做的事情中拎出重点，集中精力去攻克，而那些跟你的生活目标关系并不紧密的事情，能割舍掉就割舍掉。人生每个阶段的重点都不同，能兼顾重点和次要是最好的，但如果你已经陷入了倦怠之中，那么至少在现在这个阶段，你应该考虑割舍些什么了。

我特别喜欢的一部电影叫《在云端》，电影开头男主角瑞恩做了一场演讲，关于空包理论。我们的人生就像一个背包，我们不断填充东西——你觉得需要的东西，你装进了衣服、汽车、床，你又放进去零食、沙发和电视机……我们不断地给自己增重直到寸步难行，却还要求自己不断移动。但如果有一天你的背包起火了，你要从中掏出什么呢？哪样东西是最重要的呢？

人生中的每一天，我们都在做着这件事，不断地往肩上扛重物，持续地往背包里压缩内容。但其实对你而言。真正重要的东西被那些并不重要的东西挤压得变了形，你还是不肯为自己减负吗？

在超载的生活里，持续地做无用的加法真的不如清理出一点空间做个减法，给真正重要的东西腾出一点位置，至少让生活还能容纳一些激情。

>>> 增加输入

减负不意味着我们只是一味地舍弃，那些于你而言重要的东西需要更新升级，输入就是一种保养，能让我们提升续航能力。

无论现在什么事情是当下最重要的，都要在做好它的基础之上进行一些补充。拿我自己举例，写内容是需要不断输出的，我也会时常感到有些匮乏，多看一些书籍和电影，跟有想法的人多交流和沟通，都能让我在这个过程中汲取到所需要的、有所领悟的内容，而这些输入经过再次加工可能就成了写作的灵感和新的素材，不会让我感到太过于吃力，而是会让我可以挥洒自如。

即便是你的日常工作，也千万别小看学习和充电的能量，往往学习到了一个新的知识点就能简化你现在的工作流程，提升效率，这无形之中是在帮你省力，花费在输入这件事的时间会以更丰厚的方式回报你。

>>> 尝试做一些新鲜的事情

在研究生二年级的时候，我也出现过倦怠感，研究这件事其实挺枯燥的，重复的过程也会让人感到无力。恰逢那个时候我正在重温《老友记》，其中有一集罗斯打算尝试一些自己没有做过的事情，比如穿皮裤，虽然闹了不少笑话，但这一集给了我很大启发。你看，这也是保持输入的魅力所在。

在那一年我给自己定了一个目标：尽量每周尝试一件以前没有做过的事情。这个计划执行了一年，每做一件事我都会记录下来，时不时翻看这些小小的成绩，不但感到满足，也能重复体验到快乐和激情。

这个计划让我受益良多，因为在做一件新鲜事的时候我们往往会有更大的热情，更感兴趣，做这件事情时体验到的愉悦和刺激也会弥散到生活其他方面。就像一潭死水，如果有一颗石子被投掷其中，周围一定会荡漾起波纹。不要小看一件新鲜事的魅力，因为它不但可以充实你的生活，让你增加新的体验和技能，同时会使这种对生活的热望迁移蔓延。

没有人能一直保持活力和激情，但尽量让自己从疲惫中迅速恢复，而不是麻木迟钝地对待生活，或许比在疲惫中鏖战更值得褒奖。

希望我们都快一点好起来。

二十几岁，你一定要犯的几个"错误"

曾经参加一个活动，中途去洗手间，出来被一个小姑娘拦住，她约莫二十出头的样子，长得羞怯，说话却大方："我很喜欢您刚才的演讲，能跟您聊几句吗？具体要问什么我没太想好，就给我一点人生建议，行吗？"

突兀的问话像是给我点了穴，我傻愣在那里，不知道该说什么好，没想到我也到了被问人生建议的时候，要么在别人看来是真的老了，要么就是我真的功成名就了。当然，我肯定属于前者，三十岁的人了，谁说我老，我都不会挣扎着反驳。

用二十岁的眼睛看三十岁的人，一定觉得隔着千山万水，多活了十年，应该攒了点拿得出手的经验，时间挥霍了我们的青春，总得留下吉光片羽。

或许是性格使然，我分享不了光辉闪闪的成功过往，回过头去看，所有的成长都是踩踏着满地的错误来实现的，很难跟"光彩"二字扯上关系。有时我会羡慕那些一路走来很谨慎地自我保护的人，整齐精致地迈向三十岁，每一步棋都走得无懈可击。我清楚，我没有做到步步为营，但是我感激犯下的所有错误。

之所以说是错误，是因为它们未必再适合现在的我，甚至偶尔想起来还会觉得不应该，但我成为现在的自己，正是因为这些必然要犯的"错误"。

>>> 拼命赚钱

是拼命赚钱，不是努力赚钱，这两种程度之间隔着不止十条街的距离。二十多岁的时候最有拼劲和闯劲，精力足，也学得快，有时候多跑十步胜过十年后多跑百步。在二十几岁尽可能赚到人生第一桶金，会帮你以后更快速地积累财富。说句最直白的，你有十万块钱再去赚一百万，可能性要远大于从零开始赚到一百万。

你要知道，工作不是赚钱的唯一途径，多去关注其他行业尤其是新兴行业，探索一些新的可能，哪怕是不起眼的事情，你也会有所收获。

　　我读研究生的时候，做过"倒爷"。那年去香港玩，买了两款罐装唇膏，十分貌美，每次拿出来用都被人问在哪儿买的。我琢磨了一下，唇膏价格在大家可以接受的范围内，在当时还不发达的"某宝"搜索发现这款唇膏售价比我买的高出40%～60%，加上往返北京和广州的运费，单买一支唇膏非常不划算。我灵机一动，决定做团购，让一位在香港读博士的学姐帮我发货，我在学校论坛发帖招募人购买，价格当然比"某宝"低，没想到第一次团购在三天之内就卖了几百支。

　　就这样，做了很多次唇膏团购，我赚了两万块钱。2010年，两万块钱对穷学生来说是不小的数字，很多同学说我赚钱真容易。看起来是容易，无非是发帖接货发货，但其中很多细节是别人不知道的。

　　团购的发货时间都在晚上10点之后，取货的人多，我得在宿舍楼大厅里待到12点，夏天被蚊子咬，冬天抱着热水袋还是冷。有时候一下子围上来十几号人，取货给钱找零，还有没参加团购的人好奇过来询问，我一一应付。最要命的是还要处理各种"奇葩"问题：有人拿假币，有人当场告诉你这不是我想要的，或者是临时换货……

　　发货完回宿舍，看见有人跟男朋友煲电话粥，有人在被窝看韩剧，相比之下，赚钱哪有"容易"二字可言？没有一分钱不是血汗换来的，虽然这不是我第一次赚钱，但是跟上学期间跟家里伸手要钱的人比，我更早地知道了赚钱不易，得珍惜。

　　后来我还做过类似的团购，我知道赚这样的钱不存在特别高的技术含量，但是以当时我对社会的认识和了解，这是我能用吃苦换来的最大价值。早吃一点苦没什么不好，人生的苦和甜都是相当的，我相信我能交换到甜头。

对，是钱帮我尝到了甜头。

手里有了几万块钱积蓄后，我没有乱花，我计划怎么花才能赚得更多。这个"更多"，不只是钱，还包括其他。

想在心理专业上提升自己，当然要多参加学术讨论和培训，工作室价格都是很高的，几千块钱稀松平常，很多同学舍不得花这个钱，但是我舍得。如果没有当初拼命赚来的钱，我承认自己付不起昂贵的培训费，在咨询方面也不会提升得那么快，当然也就没有了后来的很多可能。

培训期间，我认识了一位学长，他自己开了公司，业务内容是基于心理学研究提供一些报告和方案。他说如果我有兴趣可以尝试着写报告，作为兼职研究师，他提供报酬。除了作业和课题内容，我花了很多时间了解相关的文献，在这个过程中弥补了知识盲区，了解如何将心理学研究成果转化为实操的内容，甚至了解一家公司是如何运作的以及需要什么。

熬了几个晚上，牺牲了两个周末，我终于提交了第一份报告，学长很满意。后来我们发展成长期合作伙伴，我把之前参加工作室付出去的钱又赚了回来。

工作后，我继续兼职做咨询，拓展其他收入。很多人跟我说，你一个女孩子，不用那么拼命。我想说，如果赚钱能让我过得好一点，我不介意在二十几岁的时候这么拼命，因为我不知道未来的我，或者是三四十岁的我，有了其他生活羁绊后还有没有拼命的资本。而当年的拼命也保证了我在精力衰减、学习能力下降之后依然有前期的积累打底，不用过得特别辛苦。

钱其实没有给我带来超出一般人的快乐，但是它能带我去到一个新的地方和阶段，这是拼命赚钱的意义所在。现在的我没办法再像以前那样持续消耗自己，懂得了平衡健康、生活和工作。从现在倡导的"慢生活"角度来看，拼命赚钱是一个错误，但这个错误让现在的我有了底气，我二十多岁时的拼命给我了底气。

>>> 不留余地去爱

赚钱肯定不是人二十多岁时唯一的任务，旺盛的荷尔蒙和仿佛耗不尽的情感需求催化着我们接近爱情或者是某个人。

人类一生都需要爱需要陪伴，但每个阶段能得到的爱不一样。有人说，如果你保持一颗年轻的心，什么时候都可以遇到爱情。这话没错，但是走过了才能体会，三十岁时尽管你再认真，但想要做到全情投入，实在是特别苛刻的要求。不是你不愿意，而是你做不到了。

你有了顾虑，有了疮疤，会不由自主地计算得失，聪明是聪明，但计较不会让你痛快。三十岁的爱依然存在，但是在一个有限范围之内，它丧失的是初生牛犊不怕虎的那份勇敢和果决。

二十岁的时候我敢为爱走天涯，现在我眷恋柔软的床、舒服的咖啡馆、北京的五环路，哪怕是一碗家附近卖的热汤面都能挽留我，不是不爱了，而是我有了羁绊。

不留余地的爱就应该还给二十岁，为一句甜言蜜语、一张面庞所倾倒，如果爱着你，北京零下二十度的夜晚我都愿意陪你轧马路，能给的我都给，而你也请交给我你的全部，让我们的人生纠缠在一起，拭目以待能描绘出什么样的天地。

二十岁的我眼里揉不进一粒沙子，现在我知道了有些事要睁一只眼闭一只眼；二十岁的你不眠不休坐硬座来看我，现在的你却觉得少见一次并没有关系。如果曾经在二十岁爱得跌宕起伏、全身心付出，三十岁的你才心甘情愿接受平凡可贵，不会留存那么多后悔。

在最年轻的时候，我给了你最真实的我，我遇见了最坦诚的你，我们在这段关系里不留余地，不谈得失，人生能有几回如此淋漓饱满的付出和索取？这才能称为真的爱过。

前几日回母校见老同学，她说，回到这里我觉得难过，虽然已为人母，但还是遗憾，当初我为什么矜持退缩？为什么不多爱一点？

三十岁不仅衰老了皮囊，也疲惫了那颗心。

就算当年爱错了，也没什么可怕的，要犯错请趁早，更何况，没有全情投入地爱过，你是永远学不会如何去爱的。

>>> 无条件信任

肯定有人告诉你不要轻易相信别人，更别提彻底无条件地相信了。现在的我也这么认为，但如果能重返二十岁，我依然会选择无条件地去相信。不是没被人愚弄过、欺骗过、伤心过，所以敢天真妄言，而是二十岁输得起一份信任，但要是赢了，赚的是人与人之间最本真的联结。

抱持无条件信任，没有让我活在小心翼翼的猜忌中，这是简单而快乐的，也是因为交付了信任，对方感知我的真诚，无须彼此考验便达成了最坚固的友情。如果当初怀着试探的心态，可能会少受一些伤害，但也可能失去了可贵的情谊，这值得放手一搏。

当大多数人年龄渐长，防备变得越来越多，即便我们都是善良的好人，也未必有运气成为挚友。一切以利益为先，这真让人身心疲惫。幸好曾经有过的无条件信任让我看到了美好的部分，所以退一步讲我仍有可以互相信赖的人坚守。这都要归功于二十多岁的时候大胆无邪，就算每一次都被辜负又如何，失望终会结成温柔的茧，成为我的保护壳。

现在看来，当时很多不由分说的信任都是错的，但如果没走过这一遭，可能三十岁的我还学不会分辨是非，并且失去了被信赖和信赖他人的幸福感。

>>> 有冲动就去做

我曾以为我会永远年轻，永远热泪盈眶，至少二十几岁我不停踏上旅程的时候对这一点笃信不疑。

现在我的体会却是，折腾不动。

我做过不少冲动的事情，听说夜爬香山登顶会看到最美的风景，于是我决定当晚就去，第二天我看到了最美的日出；大学在论坛上认识一位非常聊得来的女生，从未见过面，有一天她说再待一个星期就要出发去德国留学，遗憾没有见到我，我第二天就买火车票坐了一夜硬座去武汉找她，那是我所有武汉之行最开心的一次，而她也成了我唯一见面很少却有深入交流的朋友；当年莫名觉得做口译特别酷，于是花了一个学期苦练口语，最后考了口译证……

看起来冲动之下的每一件事都跟我的人生主旋律没有太大关系，甚至可以说是偶尔走了一截弯路，但即便它们都是无用的，我也有勇气和魄力值得怀念。

冲动这个词，听起来就属于青春，以后的你的无奈会越来越多，冲动的势力会越来越微弱。大多时候情绪是平稳的，说不清是看淡还是麻木，但早已难有冲动、难以肆无忌惮，即便偶尔闪出想要做这做那的念头，稍候片刻也会被心里的另一个自己打败。

生活就是如此，需要我们学会压抑和克制，这注定是我们日臻成熟的方式，但为什么不在二十几岁还保持激情的时候尽情去做想做的事呢？即便有一天老去，想起曾经满足过不知天高地厚的那个自己，还是会感到欣慰。

就像现在三十岁的我，做任何事都会习惯性地权衡：值得吗？有意义吗？我能得到什么？这不失为一种精明，但再难尝到当年的快感和潇洒滋味。或许，这正是那些冲动之下做的事情所表现出的"无用之用"，它们偷偷地让你一点点接近自己最本真的样子，不经意间丰富了你的人生体验，拓宽了你的视野，是它们让你的青春有那么一点与众不同。

看起来差不多的三十岁，背后却拥有不同的二十岁故事，或许是因为每个人都犯过不同的"错误"，但这些错误真的很可贵。笼子里的金丝雀犯过的最大错误不过是打翻了食盆，充其量算是茶杯里的风波，可是招惹过秃鹰，险些丧命在猎人枪下的飞鸟，虽然遍体鳞伤，但这些错误让它自由，让它更富有生命力。

如果现在让我重新活一次，我还是想再认真完整地犯一遍这些错误，只可惜，很多东西，只是一期一会。

越忙的女人越高级

　　能被我欣赏的女人不多，有位师姐是其中之一。学生时代她就是话题女王，她找了什么实习，研究了什么新课题，宿舍关系如何，男朋友老家哪里，甚至她穿了一件新衣服都会被人议论不已。

　　她确实优秀，毕业后也经常被人提及。并不都是溢美之词，关于她的风言风语也时常灌进我的耳朵里。有人说她去了大公司是靠关系，有人说她买房不是用自己的积蓄。

　　关于她的故事，我比那些背后议论的人更了解，普通家庭出身的她有异于常人的努力，别人看韩剧的时候她在自习室死磕书本，别人周末赖在床上的时候她外出兼职，别人养了一身肥肉，她长了一身技能。总有人以为顺风顺水的人身后一定有强大的资源和背景，但其实她的资源和背景都是她自己。

技不如人，便易生妒恨，围绕着她的猜忌和嘲讽不绝于耳。但我从未见她动怒，她也从不解释和争辩。有一次聊天，我实在忍不住问她："你不介意他们背后议论你吗？你不觉得难过吗？"她说："我有太多事情要忙，顾不上那些流言蜚语，值得我花时间精力的事情太多了。"

她就是这样一个"gentlewoman"，有面对诋毁时的尊严，也有运筹帷幄时的强悍，有聪明的头脑，有努力的姿态，她知道怎样调遣自己的时间和精力，她很忙，正因为忙，根本没有时间被人伤害。

像我师姐这样的女人，虽然忙碌，但越活越高级。反而是那些把时间用来议论她的人闲得发慌，生活走了下坡路。她们把时间浪费在了他人的人生上，看似在诋毁他人，实则毁的是自己的生活。

闲，是一件很可怕的事。你可以偶尔有闲情逸致休养生息，但如果年纪轻轻就陷入了过于闲的状态，你的生命质量只会越来越低。

去年我辞职后，一位朋友找我闲聊的次数越来越多，起初我以为她遇到了什么问题，后来发现，她只是想闲聊而已。她的宝宝上幼儿园之后，她没有去上班，依然待在家里，虽然腾出不少时间，但是这些时间她并没有好好利用起来，要么在工作时间给老公发消息汇报柴米油盐酱醋茶的价格，要么跟同样不上班的朋友聊天，而辞职后的我被她当作是跟她一样闲的人。我告诉她，我每天都有固定安排，有时候甚至比上班还忙。她不信，她问我在忙什么，我说写稿健身读书学习，她不觉得这些是值得忙的事情。我反问她，那什么值得忙呢？她说不上来，只是不停跟我抱怨给老公发信息不回，孩子越来越难教。

她自己也承认，她跟老公的关系越来越糟糕，越发觉得生活无趣。

我想起我的一位前同事，同样是全职主妇，但是她除了带孩子，还利用自己的专业特长开设幼儿训练班，赚到了收入，也给孩子提供了更好的成长环境。

不是所有全职主妇都只会围着孩子老公转，有人依然会争取属于自己的时间，为自己忙碌。在忙碌中，她们能体验到价值感，亦不会把生活的重量都压在别人身上。

对职场女性来说也是如此，有人下了班除了瘫倒在床上，最多做做家务。时间长了，她们的生活变得越来越单一乏味，工作也越来越没有热情，打理自己的形象都会消极怠慢，连对市面上流行的新产品都不闻不问。

但相反，有人利用业余时间充电，了解行业动态，跟朋友一起参加活动增长见识，生活安排丰富又充实，工作不断晋升。她们在意自己的外表，出了质优价美的洗脸仪、吹风机，她们愿意主动尝试为自己的形象加分。

选择忙碌的人生，说明你在为更好的生活努力，时刻准备好去迎接挑战；而选择不忙的状态，有大把时光不知何处安放，只是被动抵抗生活的侵蚀而已，因为闲暇和懒散往往结伴出现，你怠慢时间，也就让自己堕落了。

为什么那些越忙的女人活得越高级？因为忙碌证明被需要，证明有能力，证明事业正在上升，证明生活丰富而立体。忙起来，你就没时间理睬那些纷纷扰扰；忙起来，你自然而然学会取舍，认清哪些重要，哪些只是无用的羁绊。你会一路捡拾成就感、价值感，你甚至会发现生活中乐趣的密度在变高。

为什么越闲的女人越不快乐？因为太闲说明你跟这个世界的联结越来越弱，你会变得越来越机械而缺少新鲜感。闲下来无事可做，所以只能反复咀嚼生活的琐屑，愈发觉得无味；闲下来无事可做，只会滋生继续闲散的恶性循环。

想为更好的自己而忙碌起来，其实并不难，把时间利用起来，不去闲聊议论，不去关心明星八卦，而是找到自己的痛点去解决去提升，找到自己的兴趣所在，去开拓去尝试。

生活中还有很多未知的领域等待你去探索，你自己身上也有很多可能从未发现的潜力等待你去挖掘。你可以变得更美丽、更博学、更坚强，这样的女性才是可以被称为"女王"的人，她们的铠甲不是男人，而是一身本领；她们的武器不是金钱，而是修炼出来的智慧；她们的皇冠不靠别人赐予，她们热爱生活的态度本身就让她们闪闪发光。

做个忙碌的女王，成为一个既有力量又温柔的"gentlewoman"。在忙碌中实现自己的价值，你才会过上更高品质的生活。

爱情并不是你生活的全部

　　每逢跟爱情沾边的节日，少男少女们的情绪都会被放大多倍。有伴儿的辗转腾挪琢磨怎么过个别出心裁的节，单身的发段子、发自拍、发深夜加班，不论发什么，都是表达：请不要"虐狗"，我也不想这样。

　　这一周我身边的朋友也骚动了，有想赶在七夕前分手的，有想趁着七夕求婚的，最要命的是一堆单身的，恨不得立马从人堆里抓出一个人告别孤单寂寞的状态。爱情，这几天成了人生最重要的命题，驱使单身的人刻不容缓地书写出新篇章。

　　可是我希望，这不是你人生的常态。

爱情固然美好，对爱情的需求也是天经地义般不可或缺的存在，但不论现在你是否拥有爱情，它真的不是你人生的全部，且不可只为了这一件事而活。毕竟除了爱情，我们还有很多事要做，过度放大对爱的渴望则是一种受难。

你的工作怎么样了？现在的职业是你喜欢的吗？你仅仅是为了糊口才选择这份工作的，还是你对它充满了热爱，在工作岗位上有所收获？人生的喜乐绝不仅仅来自爱情，每一点工作上的进步和突破都能滋养你的生活。在爱情还没来临的时候，多浇灌事业，这会让你变得更勤奋、更积极，工作上的提升会让你有更多的机会跟优秀的人并肩，开拓你的人生和视野。困在舒适区，能看见的未来是狭窄的，而你也只能在那个狭窄的未来里去寻找伴侣。

你以为现在不专注事业是为了腾出更多时间找到另一半，但其实这不但无益于你的个人提升，也使遇到爱情的概率降至有限的范围之内。

不知不觉中，你应验了"破窗效应"。你可能没听说过"破窗效应"，但是你一定有过这样的经历：去朋友家做客，发现他家东西到处乱扔，杂物乱堆，那么极有可能你也加入了制造混乱的行列，把脱下的外衣和手包随处一放，吃完的食品包装袋也不收捡；但如果朋友家窗明几净，一尘不染，你更有可能选择把衣物整齐地挂在衣帽架上，吐下的瓜果壳规规矩矩丢进垃圾桶。

脏乱差的房间就是那扇破损的窗，因为已经有漏洞却无人修补，只会招来更严重的损坏和漫不经心。你的事业也是一扇窗，有一天它破掉甚至完全无法使用都不会让你在意，那么，这种破坏也会弥散到生活中的其他方面——无心无力应付爱情、社交乃至个人生活，而别人对待你的态度也会像去一个脏乱差的家里做客，肆无忌惮地随意处置。

还找什么爱情呢？连自己的工作都破罐子破摔的人，谁会指望他承担起恋爱的责任呢？

反之，工作之路顺畅能顺道收获爱情。我身边有很多这样的例子，单身的时候专心经营自己的事业，从名不见经传的小公司跳槽到知名企业，接触到的工作伙伴同样优秀，不知不觉间产生了爱慕的情愫，两个人在工作中相互扶持，还一起建立了美满的家庭。收获爱情不是他努力工作的目标，却成为努力附赠的礼物。有时候你求而不得的东西，不过是因为你不懂得水到渠成。

除了工作，你的个人生活是怎样的呢？是不是白天上班感觉身体被掏空，晚上只会瘫软在沙发？你一心觉得都是单身惹的祸，否则你现在应该窝在恋人的肩头啊！其实，你向懒惰屈服的时候，有很多同样单身的人在跟你做不一样的事。有人选择健身锻炼身体，有人选择读书提升眼界，有人在积极拓展社交圈。每一种改变都会把你从孤单寂寞的频率里拯救出来，唯独坐以待毙不能。

亨利·米勒说："当你感到迷惑，改变！"在个人生活上做些改变，混沌会得以澄清，虚空也能转变为充盈。而爱情的发生，或许就是因为你不经意的一个微笑打动了对方。但你天天赖在家里，空气是不会回应你的，韩剧里的"欧巴"是不会爱上你的。

你总说要找到合适的、跟你生活步调一致的人，很不幸，如果你是个困在舒适圈里不作为的人，那么跟你匹配的那个人或许也是如此。你正在苦苦思索你的男朋友或女朋友是不是堵在二环路上的时候，其实他跟你一样在五环的房间里找不到答案。

把爱情当作眼下的唯一目标，或许只能两手空空，毕竟爱情不是逛超市，不是只要去了就能买到东西。爱情是际遇，只有继续赶路才有机会。就算有一天，很不幸，我们没遇到那个人，至少你手里攥着工作、朋友、家人、个人生活给你带来的安全感。不怕爱的时候被人辜负，最怕单身的时光里你先辜负了自己。

我很久之前看过一个故事，不记得出处，曾记录在我的微博上：有个老妇人年轻的时候死了丈夫，夜里思念亡夫，无法入睡，就把棋子扔一地，然后黑子白子分别捡起来，捡完了，天也亮了，如此度日，撑过了一辈子。

孤独和寂寞无法排解的单身时光里，什么是你的棋子呢？我不希望你的回答是毫无意义地发呆，看没营养的花痴电视剧，更不希望你沉浸在漫无边际的冥思苦想里。努力工作是棋子，经营好个人生活是棋子，别让它们毫无章法地散落在棋盘里，掉落了也不捡。

先排好你人生的棋局，总有一天，你会棋逢对手。

放下的叫余生，放不下的叫人生

　　几年前，我跟一个朋友在深夜推杯换盏，她问我，你是如何做到放下的？当时我想了想说，我也没做到彻底放下啊。她叹气，无奈，说：你是搞心理的，你都做不到，我更做不到了。

　　其实，我们之间没有任何可比性。要说不同，区别是，我并没有把放不放得下当作一件要考虑的事情。放下如何？放不下又怎么样呢？

　　无非是在某些人生片段里，你念起那个人，忆起那件事，多了一次皱眉，心上像加了几斤重量，再严重点，对过去的执着穿插在你生活中挥之不去，望天能想起，低头能想起，隔着八丈远都能让你想起。

痛吗？一定痛。

但我羡慕这种痛。

如今，夜阑人静窗外风雨啸，而我不知道该思念谁，该抓住哪些回忆片段去凭吊，那种空虚，比痛要厉害得多，我恨不得心上生出一双手揪得我痛，总要好过心里一望无际的苍茫。

若是放不下，总有点什么牵扯心上最柔软的地方，甜蜜得让你笑，疼得让你落泪，为过去失神几分钟，那一刻的怔忡填补了当下生活的一点空白，这也是一番美妙滋味。

这才是活着的感觉吧，有力，激烈，丰满。当你有一天真的做到了所谓的放下，是不是也容易陷入另一种极端——麻痹又空洞，所有的故事都懒得讲起，关于过去的一切都觉得不值一提。

我害怕这种感觉，反而会想要有血有肉的"放不下"，因为"放不下"未尝不是一种活力，它同样可以驱使人挣扎和解剖自己，没有比这更真实的人生体验了，你说呢？

或者，不如换个说法，放不下的都叫作眷恋，它终归是一种向往和希冀。我看办公室里跟我念叨放不下的小姑娘，依然活得鲜活，反倒是我们这些看似豁达经历无数的人，蔫蔫儿地打不起精神。

有人在脑海，有事在心上，过去翻腾成沸水，灼热过后还能用眷恋加温，就算暖不了一颗心，总好过血液冰凉。

而那些痴缠于追问"怎么放下"的人，其实也不是想洒脱到什么都能放下，他们要的不过是放下这个，却拾起另一个，交替往复，最终于里还是要捧着点什么才心安。那些询问"如何忘记"的人，索求的并非是把过去全部留白，只是期盼着仅记得他们想记得的那些事，如此除旧迎新，照旧要把脑海填满。

既然如此，何必苦苦要一个快速决断的答案？纠结在这个问题上只会让你放下得更晚一点，忘记得更慢一点，越是过度关注，它越纠缠；你越是挣扎，便把自己裹得越紧。

也别以为放得下就是豁达，记挂着要努力放下这件事谈不上开阔，反倒是顺其自然，迎接该来的，不留该走的，这才是真正的豁达。

曾经，我跟朋友椒叔吃饭，聊起成熟是一种什么样的体验，谈了许多，最后的结论是：成熟就是知道了人生的很多秘密，却不感到沉重。我想这秘密之一，就包含着人生的一个规律：所有失落、怅然、执着都需要时间去消化，不必苛求越过某个阶段，亦不必强制错开痛苦，任何体验都是丰盛的戏，你别缺席。

就像我曾经写的：在停不了的时间里继续生活才有可能放下，有一天往事就像你忘记放在哪儿的一把钥匙，但你已经换了门锁，记不记得它已经不再重要了。

就算最终还是忘不掉又放不下，待到我们老去，把心上的人和事风干佐酒，畅谈至天明，你说可好？

图书在版编目（CIP）数据

世界偏爱自愈自乐的你/大将军郭著.—长沙：湖南文艺出版社，2017.10
ISBN 978-7-5404-8257-2

Ⅰ.①世… Ⅱ.①大… Ⅲ.①成功心理－通俗读物 Ⅳ.① B848.4-49

中国版本图书馆 CIP 数据核字（2017）第 189393 号

上架建议：畅销·心理励志

SHIJIE PIAN'AI ZIYU-ZILE DE NI
世界偏爱自愈自乐的你

作　　者：大将军郭
出 版 人：曾赛丰
责任编辑：薛　健　刘诗哲
监　　制：于向勇　秦　青
策划编辑：岛　岛
营销编辑：刘晓晨　罗　昕　刘　迪
封面设计：仙　境
版式设计：李　洁
内文排版：麦莫瑞
封面插画：成都麓湖　插画师豆哥
内文插画：郑美玲
出版发行：湖南文艺出版社
　　　　　（长沙市雨花区东二环一段 508 号　邮编：410014）
网　　址：www.hnwy.net
印　　刷：北京天宇万达印刷有限公司
经　　销：新华书店
开　　本：875mm×1270mm　1/32
字　　数：180 千字
印　　张：9.5
版　　次：2017 年 10 月第 1 版
印　　次：2017 年 10 月第 1 次印刷
书　　号：ISBN 978-7-5404-8257-2
定　　价：38.00 元

质量监督电话：010-59096394
团购电话：010-59320018